全景科普 新热点 丛书

# 神奇玄妙的
# 生命科学

安娜 主编

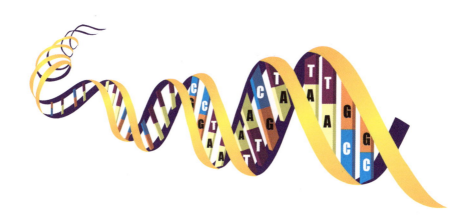

北京工业大学出版社

## 图书在版编目（CIP）数据

神奇玄妙的生命科学 / 安娜主编. —北京：北京工业大学出版社，2011.12

（全景科普新热点丛书）

ISBN 978-7-5639-2890-3

Ⅰ．①神… Ⅱ．①安… Ⅲ．①生命科学—普及读物 Ⅳ．①Q1-0

中国版本图书馆 CIP 数据核字（2011）第 215948 号

## 神奇玄妙的生命科学

主　　编：安　娜

责任编辑：李　华

封面设计：李 亚 兵

出版发行：北京工业大学出版社

　　　　　（北京市朝阳区平乐园 100 号　100124）

　　　　　010-67391722 （传真）　bgdcbs@sina.com

出 版 人：郝　勇

经销单位：全国各地新华书店

承印单位：北京高岭印刷有限公司

开　　本：787mm×1092mm　1/16

印　　张：10

字　　数：130 千字

版　　次：2012 年 1 月第 1 版

印　　次：2013 年 4 月第 3 次印刷

标准书号：ISBN 978-7-5639-2890-3

定　　价：22.00 元

**前言** FOREWORD

生命是一个我们总也绕不开、永远怀有无穷好奇的话题。我们的每一个进步都离不开自己对身边事物的观察与思考，当人类的祖先用天真幼稚的目光去审视周围的生命伙伴时，对自身也开始了由内而外一步步的探索。但时至今日，人类自身的秘密却依然如同一座迷宫摆在我们面前，我们试图用科学的方式探寻隐藏在大脑深处的未解之谜，用科学的思维去思考我们在面对疾病时应做的努力，用科学的手段去破解我们的细胞衰老之谜，以期延长自己的生命。

科学技术是一把双刃剑。当科技为我们的生活带来越来越多的便利时，当科技为我们的医疗技术插上腾飞的翅膀时，当曾经令人不寒而栗的疾病乖乖举起双手向人类投降时，当世界上大多数国家的人均寿命也的的确确得以延长时，我们似乎看到了人类与自然抗争的光明前途。但是，伴随着科技的发展和人类文明的飞跃进步，一些以前闻所未闻的疾病却开始出现，或者极为少见的疾病开始成为现代人群体中普遍出现的疾病时，我们也许该有所反思。这二者之间未必有直接的因果关系，但有一个问题我们也许得问自己，当我们更多依赖于药物和医疗设备时，我们自身原始的免疫和抵抗力是否在逐渐缺失？这是编者希望在读这本书时大家能够想到并思考的一个问题。

# 目 录

▶▶▶ CONTENTS

### 生命的历程

人类的遗传与变异·····················10
人类的染色体·····················12
人类的基因·····················14
生命的延续·····················16
人的寿命·····················18
九月怀胎·····················20
生命的降生·····················22
婴儿期·····················24
儿童期·····················26
成年期·····················28
老年期·····················30

### 人体的组成

人体中的水·····················34
重要的空气·····················36

糖类和脂类·····················38
蛋白质、核酸和无机盐···············40
维生素·····················42
激 素·····················44
人体微量元素·····················46
眼睛与视觉·····················48
耳朵与听觉·····················50
鼻子和嗅觉·····················52
舌头和味觉·····················54
感受细微的触觉·················56

### 系统与主要器官

神经系统·····················60
大 脑·····················62
科学用脑·····················64
睡眠和做梦·····················66
人体生物钟·····················68
小 脑·····················70
脊 髓·····················72
神经反射·····················74
呼吸系统·····················76
肺·····················78

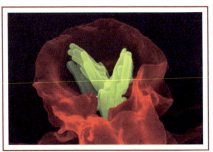
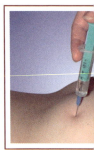

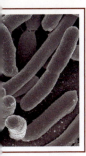

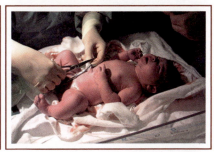

声音的形成 ················· 80
循环系统 ················· 82
心　脏 ················· 84
血　液 ················· 86
血　型 ················· 88
血压和血管 ················· 90
淋巴系统 ················· 92
内分泌系统 ················· 94
垂　体 ················· 96
甲状腺 ················· 98
免疫系统 ················· 100
病菌与免疫 ················· 102
泌尿系统 ················· 104
消化系统 ················· 106
唾　液 ················· 108

## 骨肉之躯

骨骼系统 ················· 112
骨　骼 ················· 114
颅　骨 ················· 116
脊　柱 ················· 118
手 ················· 120

脚 ················· 122
关节与运动 ················· 124
肌　肉 ················· 126
人体皮肤 ················· 128
毛发和指甲 ················· 130
牙　齿 ················· 132

## 医疗科技

激光治疗仪 ················· 136
核磁共振成像仪 ················· 138
心脏起搏器 ················· 140
放射治疗技术 ················· 142
B超和彩超 ················· 144
心电图 ················· 146
透析技术 ················· 148
CT技术 ················· 150
血液细胞分析仪 ················· 152
X射线机 ················· 154
呼吸机和麻醉机 ················· 156

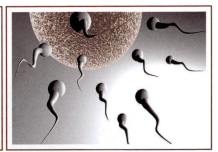

<<< 神奇玄妙的生命科学

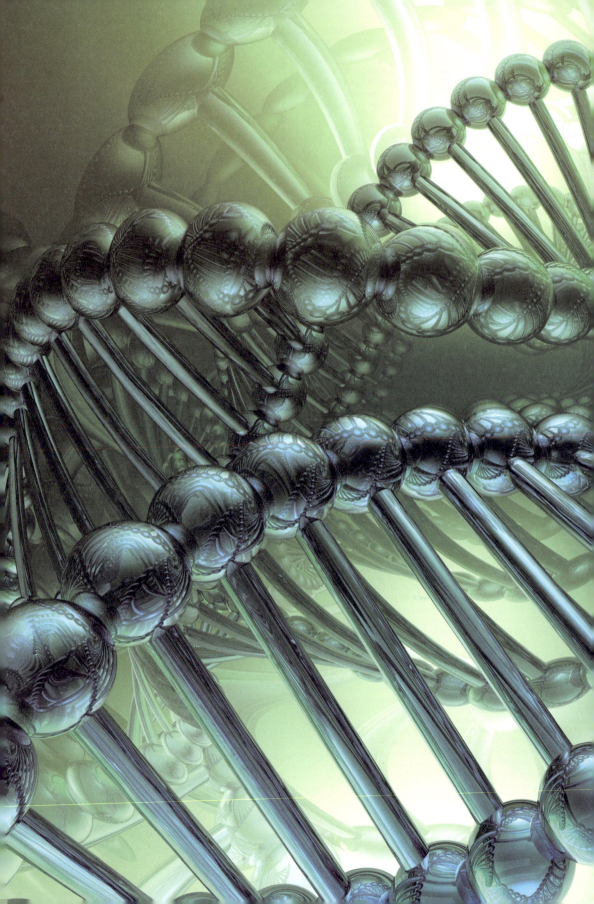

# 生命的历程

　　生命就像一次奇妙的旅程，一粒我们肉眼都无法看到的受精卵，竟然可以神奇地成长为一个鲜活的、独立的生命个体。当这粒继承了父母各自遗传信息的受精卵，在母亲体内孕育成胚胎，最终呱呱落地，我们便开始了与这个世界的亲密接触。所有生命个体都有着独立的尊严与荣光。随着身体的成长，我们也开始了生命成长这个奇妙旅程。

# 人类的遗传与变异

什么是遗传与变异？从生活中说，我们每一个人都可能从父母身上遗传与他们相似的性状，但总有一些地方与父母不同。这就可以用遗传和变异来解释。遗传和变异是生物界普遍发生的现象，也是物种形成和生物进化的基础，这二者之间的关系是相互影响、相互作用的，遗传带来了变异，变异又可能促进生命的进化。遗传变异之所以会发生，依赖于遗传信息的载体——遗传基因。我们人类的胚胎发育过程实际就是遗传基因完成遗传信息传递的过程，当精子与卵子结合形成受精卵后，人类的遗传基因会按照遗传的秘密指令，依照一定的时间和构成方式，逐步形成胚胎，胚胎再进一步发育成胎儿，一个新的生命就这样诞生了。

变异实际是一种突变式的生物进化方式，它分为两类，即可遗传的变异与不可遗传的变异。在地球众多的生命种类当中，形形色色的变异现象数不胜数。在这些变异现象当中，一些单纯由环境因素造成的，生物体内遗传物质并未因此发生改变，因此不能够遗传给子代的变异，属于不遗传变异。而由于生殖细胞内遗传物质发生改变引起的，能够遗传给后代的变异，属于可遗传的变异。科学家们对遗传现象的研究表明了一个事实，那就是那些能够遗传给下一代的变异性状，通常都可能在某种程度上促成生物的进化。进化是生物的一种演化过程，

◄ 我们身体里的基因一部分来自于父亲，一部分来自于母亲。基因是遗传的信使，它们决定了我们的长相和与父母的相似性。

指生物群体在适应环境的生存状态下，其遗传结构随时间而产生的优胜劣汰的某种改变，并由此导致相应的表型上的改变。在大多数情况下，进化多比较有利于生物对环境的适应性。

遗传学奠基人奥地利科学家孟德尔，于19世纪60年代通过豌豆杂交实验发现了遗传规律。1909年丹麦科学家约翰逊用"基因"一词代替孟德尔提出的"遗传因子"一词。从那时起，"基因"一词就一直沿用了下来，并被作为遗传物质的最小单位。但基因是如何影响生命的遗传与变异的呢？

奥地利科学家孟德尔最先发现了基因遗传规律。

20世纪三四十年代，当遗传学家为基因的作用而感到困惑时，生物学家正在兴致勃勃地对生物酶展开研究。正是在对酶的研究中，科学家们发现了基因的物质载体——脱氧核糖核酸，简称DNA。我们知道，酶是一种特殊蛋白质，具有催化和控制化学反应的特性。而蛋白质是由许多氨基酸聚合而成的多肽链，多肽链具有能折叠成复杂蛋白质立体结构的特殊本领。遗传学家从生物学家的研究中得到启发，但问题又来了：细胞中的蛋白质或酶是从哪里来的？在对这个问题的探究中，遮掩着DNA真实面目的面纱一步步被揭开，随着美国科学家摩尔根等人"基因论"的提出，人们对基因这个神秘的词有了更进一步的认识。

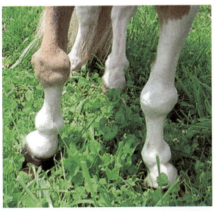

基因在遗传过程中发生变异时有可能引起一些疾病，比如某些动物会因此导致肢体畸形。

● 小贴士 ▶ ▶ ▶

近亲结婚指的是人类中亲缘相近的个体间的通婚。亲缘相近指男女双方至少有一个代数相隔不远的共同祖先。表兄妹结婚，就是较常见的近亲结婚。近亲结婚后代死亡率高，并常会出现痴呆儿、畸形儿和遗传病患者。

# 人类的染色体

现代生物学证明，基因是遗传信息的载体，是脱氧核糖核酸（DNA）或是某些病毒中的核糖核酸（RNA）分子的很小很小的区段。一个 DNA 分子可以包含成百、上千、上万个基因，而每个基因又可能包含若干遗传信息。正是这样的独特结构，再加上特殊的遗传方式，我们人类才得以世代繁衍、生生不息。

根据人类目前的研究成果，人们发现地球上现存的已知生命，基本上都是依靠 DNA 分子的复制来延续后代的。而 DNA 所依附的重要物质染色体则是担负延续生命这一使命的主要载体。由于 DNA 是染色体的主要化学成分，所以染色体的分裂与复制也决定着生命体的各种遗传性状。正是在这种代代相传的继承中，染色体的数目与结构逐渐固定下来，于是一个又一个不同的物种产生了。

每一种生命体都含有一定数目的染色体，并有一定的形态和结构。当自然或人为条件发生改变时，生物的染色体在数目和结构上也会发生变化，从而引起生物性状的改变，人们将这种情况称为染色体异常。通常有机生命体体细胞的分裂方式最主要的有两种：一种是简单的有丝分裂，另一种是更为复杂的减数分裂。体细胞的有丝分裂会导致生命体的成长壮大，而生殖细胞的减数分裂则导致了生命体的世代延续、生生不息。减数分裂也称作"成熟分裂"，是指在性成熟的生殖细胞中，性母细胞经过两次连续分裂，染色体在整个分裂过程中只复制一次，形成的 4 个子细胞中的染色体数目减少到原来细胞一半的这个过程。

20 世纪 50 年代末期，科学家们经过反复实验认识到，正常人的体细胞染色体数为 46 条，其中 44 条是常染色

↑ 大千世界，存在着形形色色的物种，不同的生命体内存在的染色体数目各不相同。

**知识拓展**

染色体的主要化学成分是 DNA 和 5 种称为组蛋白的蛋白质，核小体是染色体结构的最基本单位，由组蛋白构成。DNA 分子具有典型的双螺旋结构，一个 DNA 分子就像是一条长长的双螺旋的飘带。

体，2 条是性染色体。虽然染色体数量从整体上来说，都是比较固定的。但对人类个体而言，并不都这样"完美"，总有一些个体会出现例外，出现染色体数目异常的现象。

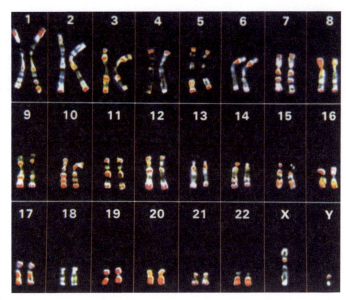

染色体数量异常也称染色体数量畸变，这种现象通常发生在细胞分裂过程中。尽管目前关于染色体畸变的发病机制不明了，但科学家们根据研究

不同的物种体内的染色体的数目不尽相同。人类男女个体的性染色体不同，男性染色体由一个 X 性染色体和一个 Y 性染色体组成，而女性则有两个 X 性染色体。性染色体控制着性别遗传特征，常染色体则控制着除性别遗传特征以外的全部遗传特征。

结果推测，这可能是由于细胞分裂后期，染色体发生不分离或染色体在生命体内外各种因素影响下，发生断裂或重新连接所致。

人类染色体数目异常通常会导致一些不太常见的疾病，但常染色体或性染色体数目异常的后果往往不同。如人类的生殖细胞中，一个缺少某一条常染色体的配子，即使能够受精，也往往不能发育成个体，很可能在胚胎早期即死亡；而多某一条常染色体的配子受精后，即便能够发育成长，出生后，新生儿的体格及智力发育障碍往往也会存在严重的先天不足。但就性染色体而言，情况则有所不同。这种情况下，患者有可能存活并发育，而智力和体格发育则会出现异常，而且往往是性染色体数目越多，智力以及其他异常越严重。究竟为什么会产生这种情况，在当前的医学水平上人们还很难给出一个准确的解释。

● **小贴士** ▶▶▶

当染色体进行减数分裂时，一对匹配的染色体可能会进行染色体互换，由此产生与父母双方都不完全一样，并非完全继承父母双方遗传信息的新染色体。以我们人类为例，当卵细胞受精成为受精卵后，一个完全的新生命就诞生了。

# 人类的基因

基因一词来自希腊语，意思为"生"。它是控制生命体性状的基本遗传单位，是带有遗传信息的DNA序列。基因通过指导蛋白质的合成来表达自己所携带的遗传信息，从而控制生物个体的性状表现。

我们知道，染色体在体细胞中是成对存在的，每条染色体上都带有一定数量的基因。一般来说，生物体中的每个细胞都含有相同的基因，但是并非每个细胞中的每个基因所携带的遗传信息最终都会被表达出来。而处于生命体不同部位、具有不同功能的细胞，能将遗传信息表达出来的基因也各有不同。

1926 年，美国生物学家摩尔根发表了《基因论》一书，"基因论"由此诞生。

摩尔根等人的"基因论"主要包括以下几点内容：第一，基因是位于染色体之上的；第二，由于生物所具有的基因数目大大超过了染色体的数目，所以一个染色体往往含有许多基因；第三，基因在染色体上有一定的位置和一定的顺序，并呈直线排列；第四，基因之间并不是永远连接在一起，在减数分裂过程中，它们与同源染色体上的等位基因之间常常发生有秩序的交换；第五，基因在染色体上会组成连锁群，位于不同连锁群的基因在形成配子时，能按照孟德尔第一遗传规律和孟德尔第二遗传规律，自动进行分离和自由组合，而位于同一连锁群的基因在形成配子时，则会按照摩尔根第三遗传规律进行连锁合群和交换。

1953 年科学家们又取得了重大

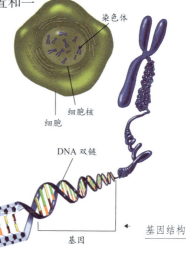

染色体

细胞核

细胞

DNA 双链

碱基对

基因

基因结构

成果——揭开 DNA 双螺旋结构的真相。现在我们已经知道，DNA 分子所具有的典型双螺旋结构，对遗传信息的传递有着特殊的意义。它也使生物学家们认识到，在 DNA 蛋白质分子的合成中，核苷酸序列与氨基酸序列之间存在着特定的关系。人们进一步发现，DNA 作为遗传物质，实际是苷酸上的一定碱基序列。这个认识随着人工合成的第一个基因——酵母丙氨酸转移 DNA 基因的成功，得到了证明。随着科学家们对基因的研究越来越深入，很多人也对此产生了诸多兴趣，同时也萌发了不少的疑问。比如，基因对我们每个人的实际生活会产生怎样的影响，它是如何作用到我们身上，从而控制我们的相貌、性格以及生老病死的？

▲ 基因在染色体上呈线性排列。这就像音乐曲谱，一个曲谱分成许多小节，各个小节内排列着数目不等的音符。基因储存着生命孕育、生长、凋亡过程的全部信息，通过复制、表达、修复，完成生命繁衍、细胞分裂和蛋白质合成等重要生理过程。

　要想解答上述疑问，需要对人类自身的基因组图谱有更加清晰和完整的了解。我们知道，组成人类 DNA 的基本物质是由 A、T、G、C 表示的 4 种碱基，而一个人的基因组测序就是排列出其 DNA 上所有碱基的顺序。要想绘制一个人的基因图谱，首先要做的就是碱基测序。虽然目前的基因测序费用极其昂贵，让普通人难以企及，但科学家们的研究依然向我们描绘了这样一个美好设想：如果每个人都能拥有一份属于自己的基因组图谱，那么我们长期以来期待的"个性化医疗时代"就可能会成为现实。

　→ 在基因比对中，科学家们发现黑猩猩和人的基因只有大约 2% 的差异。但是，正是这 2% 的基因差异，使得人与猩猩的智能、行为、心理和生理变得千差万别。

● 小贴士 ▶▶▶

　俗话说"物以类聚，人以群分"，日常生活中我们通常都愿意与志趣相投的人成为朋友。有一项最新研究证明，基因也是影响人类交友的重要因素。该研究组成员称，因为"我们生活在基因的海洋里"，所以"基因会影响我们与谁交朋友，也会影响我们的一举一动"。

# 生命的延续

生殖是产生新生命的复杂过程，是生物界普遍存在的一种生命现象。作为自然界的生命体，人和动植物一样，也通过后代来播撒生命的种子，这是自然赋予的天性，也是人类生活的所需。

生儿育女，繁衍后代，这种神圣的职责是由男女两性通过人体中的生殖系统共同完成的。生殖系统是人体中完成性生活活动和生殖功能的系统，它是产生生殖细胞、繁殖后代、分泌性激素等器官的总称。男性和女性的生殖系统各不相同，但都分为内生殖系统和外生殖系统两部分。

生殖系统是人类延续生命的工具，构成人体生殖系统的是生殖器，它包括男性生殖器和女性生殖器。男性的内生殖器有睾丸、输精管、附属腺等；外生殖器有阴囊和阴茎。睾丸是男性生殖腺，左右各一，呈卵圆形，位于阴囊内，是产生精子的器官，也是产生雄性激素的主要内分泌腺。女性内生殖器包括卵巢、输卵管、子宫、阴道；外生殖器包括阴阜、大阴唇、小阴唇、阴蒂等。卵巢呈卵圆形，左右各一，位于盆腔内子宫的两侧。它的功能是产生成熟的卵子和分泌雌性激素。

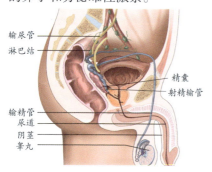

男性生殖系统侧面图

输尿管
淋巴结
精囊
射精输管
输精管
尿道
阴茎
睾丸

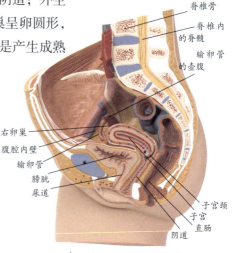

女性生殖系统侧面图

脊椎骨
脊椎内的脊髓
输卵管的壶腹
右卵巢
腹腔内壁
输卵管
膀胱
尿道
子宫颈
子宫
直肠
阴道

两千多年前，希腊学者亚里士多德曾错误地认为，婴儿是由母亲的经血与父亲的精液混合，并将它们留存在母体子宫内孕育而成的。事实上，任何一个完整的生命体都是由单细胞构成的，这个单细胞由受精产生。

精子和卵子是人体主要生殖细胞。当父亲的精子和母亲的卵子在输卵管内相遇，受精后，受精卵开始向子宫移动，并且分裂成很多个细胞球体。几天后，细胞分裂变成一个中空球囊，这就是胚胎，一个正在孕育中的新生命。

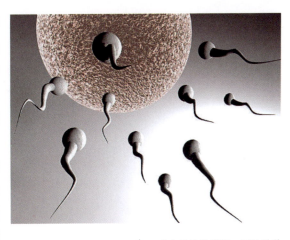

↑ 在电子显微镜下，可以看得到父亲的精子像一条条小蝌蚪，摇着长长的尾巴向母亲的卵子游去。受精后，受精卵会分裂成很多个细胞球体，之后，经过再次分裂，成为胚胎。

女性的子宫是胎儿得到最初孕育的暖房，它是女性生育功能的集中体现。子宫位于女性人体盆腔的中部，膀胱后面，直肠前面，形状像一个倒置的梨。子宫包括子宫底、子宫体、子宫颈三部分，子宫壁由内膜、肌层、外膜构成。子宫内膜血管很丰富，内膜的功能层占有内膜约 4/5 的厚度。女性自青春期开始，功能层在卵巢激素的作用下，会周期性地发生剥落，同时会出血，于是形成周期性的月经。

胎儿在出生前，将会在母亲温暖又黑暗的子宫内度过生命的第一个阶段。它通过脐带从母体的胎盘内吸收养分，直到各部分的器官发育成熟，并通过母亲的分娩脱离母体，成为一个独立的新生命。

### ● 小贴士 ▶▶▶

妊娠也就是人类所称的怀孕，它是胎儿通过在母体内有丝分裂生长的过程。这段时间内，胎儿会通过母体来获得成长所需的营养和带氧血液，这些经过胎盘过滤后的营养物质和氧气，会通过脐带被胎儿吸收。由于胎儿对养料的索取会给母体带来相当大的负担，所以孕妇需要摄入更多高热量的食物来供给胎儿的需要。另外，由于对某些维生素和其他养料的需求也会比平常高很多，所以孕妇的饮食习惯往往比较奇特。有意思的是，每种生物的妊娠期有很大的不同，比如人类平均是 40 个周，而大鼠平均只有 22 天。

# 人的寿命

早在古代社会人们就已经有了"益寿延年""寿比南山"的美好愿望，但也仅仅只是愿望而已。随着人类社会发展水平的提高，人的平均寿命比原来有了很大提高，但人终有一死，这个客观规律是无法改变的。

人的一生，是我们身体的各个器官、组织、系统从稚弱发展到成熟再到衰老，直到生命终结的过程。身体的成长发育依靠摄取外界营养来完成，而脑的思维方式以及我们作为一个人所应具有的认识、能力，却是在向外界的学习中获得的。这一点，也是我们人类与动物的根本区别之一。一个幼小生命从降生后，会经历一个由成长发育到成熟，直至最后衰老、死亡，完成生命的全过程。生命所走过的这段有限的时间，我们就称为寿命，这是由自然规律决定的。现在我们人类的平均寿命在 70~85 岁，但是，由于疾病等因素的影响，很多人会早于这个年龄死亡。人的平均寿命受社会力发展水平的制约，在奴隶社会人的平均寿命不超过 30 岁，现代社会人的平均寿命已经有了普遍提高。

**知识拓展**

长寿有没有秘诀可循？很多研究发现，世界上的长寿者无一例外都有着一种好心态。坚持长期锻炼，通过强身健体减缓骨骼老化也是一个重要方面。此外，多注意饮食营养搭配，呼吸新鲜空气等也都是日常生活中的长寿秘诀。

◆　营养丰富的食物是机体健康的保障，合理搭配的营养膳食对人体的健康和寿命极为重要。

女性为什么会比男性长寿,有科学家解释说,这主要是因为女性喜欢哭。因为流泪有益健康,而女性哭的次数比男性多,所以她们相对也就比较长寿了。除了这些,有些科学家们在研究人类寿命的过程中还有一些有趣的发现,比如女人一生可吃掉约25吨食物,喝掉3.7万升左右的水;男人一生可吃掉大约22吨食物,喝掉约3.3万升水。之所以会出现女人一生吃的比男人要多这种情况,据说就是因为女人的平均寿命比男人长。

虽然长寿是自古以来人们的愿望,从秦始皇不遗余力求长生不老药,到古埃及人制作木乃伊,期望人灵魂不死,实际都是人们对生命延续极度渴望的表现。但实际中影响人寿命的因素有很多,社会因素、环境因素、个人因素等,没有哪个人的寿命长短是由单一因素决定的。虽然少污染的生态环境、积极的生活态度、宽松愉悦的生活环境、健康的身体、合理的膳食,这些都可能使我们的个体生命得到有效延长。但是,这些因素除了需要我们自己努力外,还需要整个社会的共同努力。

在我们身边的生活中,长寿的老人往往会引来很多关注,为什么有的人就能有如此长的寿命呢?科学家们的研究发现,长寿与遗传密切相关,人类的遗传基因决定自身的寿命长短。另外,人类寿命与遗传的关系,还表现为明显的地域性以及显著的家族性,"长寿之乡"的形成证明了长寿的遗传具有地域性。

长寿除了受遗传因素影响,在性别上也存在着一定差异。一直以来,女性比男性长寿似乎已经是一个普遍的现象。男性由于代谢速度比女性快,能量消耗高,所以饭量往往比较大。有研究发现,少摄食会使人体的损害性自由基相应减少,从而降低它们对人体细胞的破坏,延缓衰老,所以女性在这点上占有先天优势。另外,男性一些不良的生活习惯,比如吸烟、饮酒等,也都是导致男性寿命降低的重要因素。不过男性若遵循健康生活的理念,也一样可以延年益寿,甚至活得比女性长。

▲ 要想具有良好的体魄,平日里加强身体锻炼必不可少。

▼ 暴饮暴食会损坏人的身体器官,降低寿命。

# 九月怀胎

胎儿出生前，在母亲温暖又黑暗的子宫内度过的生命第一个阶段，又称为妊娠期。妊娠期从卵细胞受精一直持续到胎儿出生，约为 9 个月。

在母体中，胎儿通过胎盘从母体获得一切生长发育所需的养料，逐渐长大。母体在怀孕 4 周之后，体内的胚胎比开始时会增大许多，5 周左右初具人形，6 周就可辨出肢体和脊柱，到了 8 周形体会更趋明显。胎盘会随着胚胎从小长到大，并由胎膜构成一个充满羊水的囊将胎儿包裹，胎儿就在这个囊里发育、成长。母体怀胎 3 个月时，胎儿会长到 7 厘米左右，4 个月时有 12 厘米，此时胎儿重约 120 克，男女性别明晰可分，而且会有胎动现象。7 个月左右时胎儿的身体会长到 30~35 厘米，重约 1 千克，并且有了头发，甚至眼睛都可以睁开，但生命力依然很弱。直到妊娠期满，一个长约 50 厘米、重约 3.2 千克的新生命就要降生了。

现代医学告诉我们，即便是在深夜里，母亲的子宫内也不是一片静悄悄的。事实上，孕育在母亲腹中的胎儿可以听到母亲的声音，它甚至会对声音加以模仿，而血液流动、肠管蠕动对胎儿来说更可算是很大的声音。研究发现，正是因为母亲腹中的胎儿对母体的声音很

**知识拓展**

胚胎学的主要研究内容包括生命的孕育，胚胎的演发过程，发育各阶段的形态生理演变特征，发育过程中对于生活条件的适应、变异和遗传以及个体发育与种系发育的统一法则等问题。

← 胎儿在母体中的胎位

   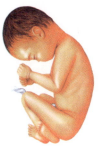

↤ 胎儿在母体中的成长过程

第1个月　第2个月　　　第4个月　　　　　第6个月　　　　　　第9个月

熟悉，所以出生后，只要和母亲待在一起，婴儿往往能够非常容易就安静下来。

在整个妊娠期间，母亲与胎儿之间的交流，都是依赖于胎盘和脐带。人类的胎盘呈圆盘状，嵌在子宫壁中，分娩时由于子宫肌层收缩会使胎盘剥离，从而被挤出子宫。胎盘中央厚而边缘薄。向着羊膜腔的一面光滑，称为子面；脐带位于其中央。胎盘是胚胎生命的供给系统，含有丰富的血管。

羊水是子宫里用来保护胎儿不受外界冲击的缓冲物质，同时还是维持胎儿生命不可缺少的重要成分。胎儿通过吞咽，将羊水中的营养物质吸收到血液中，最终以尿液形式排出。羊水中大约98%的成分是水，另有少量无机盐类、有机物荷尔蒙和脱落的胎儿细胞。羊水的数量，一般来说，会随着怀孕周数的增加而增多，并且有一定的规律。数量过多或者过少，都属于不正常。在胚胎发育大约8周以后，可以在B超下看到心脏搏动，这个时候，它的跳动速度是我们常人的2倍多。不过，随着心脏的成长，心跳的速度也会慢慢降下来，与常人一样。

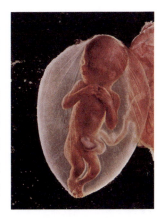

↥ 这是生长在子宫内部18周大的胎儿。这张照片是瑞典著名的人类学摄影家伦纳德·尼尔森拍摄的。这是人类第一次用可视的真实影像，揭示生命的奥秘。

● **小贴士** ▶▶▶

　　在正常人的性器官分化过程中，开始发育的头几周内，胚胎的性器官在解剖上是毫无区别的。母体在怀孕6周左右时，胎儿开始出现原始性腺。这时的原始性腺具有双向腺趋势，即原始性腺既可能发育成睾丸，又可能发育成卵巢，这取决于以后的发展。大约第8周，原始性腺会分化成功能性睾丸，并具备分泌睾丸酮的能力。反之，则向女性化方向发育，一直到怀孕后大约第12周才出现卵巢的分化。

# 生命的降生

通常，当母亲怀孕至第 36~40 周时，胎儿就要脱离母体降生了。一般情况下怀孕第 7 个月以后，胎儿的身体会在子宫内倒转，脑袋朝下并慢慢下降到母亲的产道里。胎儿临近出生时，母亲的子宫会不断地剧烈收缩，子宫颈将随之扩大，将胎儿慢慢地往外挤：先是胎儿的头部从产道出来，接着是身体其余部分。随着一声嘹亮的啼哭，婴儿的肺部便第一次吸入了空气，开始自主呼吸，一个新的生命就这样诞生了。

所谓分娩，就是胎儿从母体产出的过程。分娩分三个阶段完成：第一产程又叫破水，即宫口扩张期。这个阶段母亲的子宫会开始收缩，随之包裹着胎儿的羊膜破裂，羊水流出；第二产程即胎儿娩出期，此时胎儿通过产道娩出，脐带在胎儿出生后会被剪断。婴儿的脐带呈蓝白色，脐带剪掉以后，会留下 2~5 厘米。3 星期左右后，这部分脐带会变干、变黑并缩小，最后自己脱落，留下一个眼，这就是肚脐。分娩的第三产程即胎盘娩出期，指胎儿娩出到胎盘排出的过程。母亲在分娩时经常会由于子宫收缩而引起

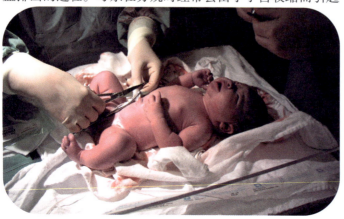

母亲在怀孕期间，由于激素促使乳腺发育，所以产后不久，乳腺会自行分泌乳汁。新生儿出生后，会有吮吸乳汁的反射，这是一种先天具有的本能，在胎儿期就已形成。母亲在哺乳时，新生儿会自己寻找乳头。当他吮吸乳头时，能刺激母亲乳汁流出。

◂ 脐带被剪断的时候，婴儿就会大哭，这是因为胎儿在母体内时呼吸系统是通过脐带由妈妈代替进行的。断脐时，胎儿的寄生生活结束，开始通过自己的肺进行呼吸。如果不哭，则表示婴儿无法呼吸，这很可能会对婴儿造成生命危险。

**● 小贴士** ▶ ▶ ▶

　　双胞胎有同卵双胞胎和异卵双胞胎。同卵双胞胎来自同一个受精卵,当一个受精卵分裂成两个的时候,就会有两个很相像的婴儿,这就是同卵双胞胎。他们具有相同的性别和基因,并且共同使用一个胎盘和羊膜。但是,有时候母体的卵巢有可能排出两个卵子,这两个卵子又分别与两个不同的精子结合。在这种情况下,两个胎儿同时生长发育,但是他们的相貌不是特别相像,这就是异卵双胞胎。他们分别有自己的保护膜以及供应养分的胎盘。

剧烈疼痛,这种剧痛会贯穿整个的分娩过程。为了纪念母亲为新生命的诞生所承受的这些痛苦,人们以各种美好的语言和音乐来歌颂她的伟大。

　　虽然大多数产妇可顺利分娩,但也有少数的产妇会发生不同程度的难产。通常认为自然分娩是最有利于胎儿发育的产出方式,但在一些紧急情况下,也会通过剖宫产即手术的方式切开孕妇的皮肤、腹部和子宫壁,取出胎儿。现在剖宫产已经很安全,只会在孕妇腹部留下一道小疤痕。不过,剖宫产手术大多仍然是在紧急情况下才会施行。手术前,医生会嘱咐孕妇保持愉快平静的心情,避免过分的紧张和焦虑。但是,以剖宫产手术出生的新生儿由于没有经过产道的挤压而直接接触外界,所以天生免疫力较自然分娩的婴儿会差。

　　一个新生命的诞生,常伴随着婴儿嘹亮的哭声,这是因为婴儿的声带是挡在气管前面的。当他离开母体来到世上进行第一次呼吸时,气流会冲击声带,发出声音。新生儿的啼哭是一种本能反应,也是一种运动,可以促进肺的发育。由于出生后对环境不适应,新生儿通常不分黑夜和白天,往往白天安睡,夜间啼哭,所以常出现夜啼的特殊症状。

　　新生的幼儿通常需要母乳来喂养,母乳富含营养,是婴儿成长最自然、最安全的天然食物,含有婴儿出生后头几个月生长发育所必须补充的营养物质,所以医生通常会建议年轻母亲哺乳。

▲　母乳含有丰富的营养,有助于提高新生儿的免疫力。

# 婴儿期

婴儿一般指的是 1 周岁以内的孩子。婴儿期又称乳儿期，是胎儿离开母体进行自主代谢的最初阶段。在这个阶段，孩子生长发育特别迅速，这也是人一生中生长发育最旺盛的阶段。在这一时期，婴儿第一次看到了子宫外的神奇世界，他会咿呀学语，有的孩子甚至会学习站立和走路。

婴儿的身长在出生时约为 50 厘米，一般每月增长 3~3.5 厘米，到 4 个月时已增长了 10~12 厘米，1 岁时身长可达出生时的 1.5 倍左右，体重可以达到出生时的 3 倍，约为 10 千克。婴儿的头围在出生时约为 34 厘米，前半年增加 8~10 厘米，后半年增加 2~4 厘米。1 岁时，头围平均为 46 厘米，以后增长速度减缓，到成年人时约为 56~58 厘米。胸围在出生时比头围要小 1~2 厘米，到婴儿 4 个月末时，胸围与头围基本相同。

啼哭可算是婴儿的本能了，要知道我们每个人可都经历过这个阶段呢。婴儿虽然不会说话，但却会通过啼哭来表达自己的需求，婴儿正是通过啼哭来向母亲传达自己饥饿、兴奋、厌倦或不适等感受的。

## 知识拓展

给新生宝贝拍照片不能用闪光灯。因为婴儿出生之前，一直生活在母亲黑暗的子宫里，对光的刺激非常敏感，所以出生之后，孩子会以多睡眠的方式来逐渐适应外界的"光明世界"。婴儿的视网膜发育尚不完善，而强光照射可能使其视网膜神经细胞发生化学变化。

◀ 婴儿期是人身心发展的第一个加速时期。在这个阶段，婴儿不仅身体成长迅速，体重增加很快，而且脑和神经系统也发展得非常快。

## ● 小贴士 ▶▶▶

婴幼儿的注意力不仅短暂，而且很容易转移，一般来说10分钟左右就会产生疲劳。有研究结果发现，极具亲和力的音乐能使孩子的注意力得到持续增长。有研究发现，5~6个月时的胎儿已经有感受音乐的能力。而出生后，宝宝在哭闹时听到胎儿期播放的音乐就会安静下来，说明他已有记忆能力。刚出生的新生儿爱听优美的乐曲，比如平卧的新生儿会自己将头转向音乐声源的方向。两个月大的婴儿已能安静地躺着欣赏音乐；6~7个月甚至都能区分简单的曲调。

当母亲轻轻拍打、拥抱或者抚摸婴儿时，他会表现得非常乖。刚出生的婴儿，睡眠的时间每天可达18小时以上。两个月后，孩子会抬头、会笑，眼珠能随物体转动。在与母亲的"交流"中，婴儿能很快学会认识自己周围的笑脸和声音。8个月后，孩子已经学会了翻身，能在床上爬来爬去。

在我们每个人的身体里，都存在着一个看不见的生物钟，生物钟也叫生物节律、生物韵律，指的是生物体的一些包括生理、行为以及形态结构等随时间作周期性变化的现象。新生儿臂和腿的自发性活动也会遵循生物钟的规律，存在一定的节律性。那么，这些节律的发生究竟有多早并发展到何种程度呢？心理学家发现，早在母亲妊娠20周时，胎儿已经有同样的自发性运动，这说明每一个生命在孕育早期就存在着臂和腿的大量活动。

婴儿刚出生时，脑的重量仅有350~400克，大约是成人脑重的25%。此时，虽说在外形上已具备了成人脑的形状，也具备了成人脑的基本结构，但在功能上还远远差于成人。所以，小儿刚生下来时，不会说话、不会自主活动，这些能力需要在日后脑发育的基础上才能逐渐具备。到了1岁时，脑的重量为出生时的两倍，人脑重的一半。这一时期，婴儿仍处于大脑的迅速发育期，脑神经细胞数目还在继续增加，需要充足而且均衡合理的营养素（特别是优质蛋白）的支持，所以对热量、蛋白质及其他营养素的需求特别旺盛。

婴儿期的幼儿会经历从躺卧状态到颤巍巍地两腿站立，并逐渐学习独立行走的过程。

婴儿有着丰富的表情，通过观察孩子的表情，母亲可以判断他的需要和感受。

# 儿童期

与婴儿期相比，幼儿期和儿童期的孩子生长发育的速度会有所减慢，但孩子的语言及动作能力则发展较快。随着手的动作范围扩大，孩子自身的活动范围也逐渐扩展开来。年轻的父母会发现，孩子对周围事物开始有了强烈的兴趣，他喜欢东张西望，喜欢四处走动，小脑袋瓜里有着不计其数的疑问，常常拉着大人问好多稀奇古怪的问题。

如果你仔细回想一下，也会忍俊不禁，自己小时候不也是这样吗？其实这是这一时期孩子的共性，他们喜欢模仿成人的举动，喜欢独自活动或寻找朋友和伙伴，这些是有了强烈自我意识的表现。

2～3岁的孩子天真、幼稚、纯洁、活泼，散发出令人赞叹的活力。此时，他们的身心在迅速发展，身体、生活各方面都发生着日新月异的变化。强烈的自我意识使他们试图用语言与人交往，那带着奶气的语言虽然极为简单，却标志着他们学习和掌握人类交际工具的开始。

尽管有了自我意识，但这一时期的孩子还不具备完全独立的能力，最容易接受成人的教育。所以这一阶段是培养孩子一些基本的社会和生活常识的时期，因为这一时期的孩子一旦告

◀ 幼儿期的孩子从外表看，不像婴儿期那么胖，已经会走和跑，并掌握了一些基本的运动技巧。

## 知识拓展

脑的发育会受到许多因素的影响，如遗传、环境、教育、营养与疾病等，这时期的家长要为孩子创造良好的生活环境，给予丰富的环境刺激、良好的教育、充足的营养，使其大脑健康地发育，而游戏是培养孩子智力、体能的最基本的活动方式之一。

一般来说,孩子 1 ~ 3 岁称为幼儿期。2 岁时,幼儿脑重约是成人的 75%。从脑重量增长的速度可以看出,孩子 1 ~ 2 岁时的脑发育是最快的,这也是脑发育的关键期。在这段时间内孩子最容易学习某种知识和经验,不过这一时期,孩子的大脑也最容易受到损伤,但代偿恢复能力也最强。这一时期儿童的智力发展迅速,很多孩子的特殊才能也往往在此时开始显露。这也是儿童个性、品质开始形成的时期,幼儿期形成的个性是以后个性发展的重要基础。

诉他什么事情该怎样做,他便会顺从地接受并记住。

除了这点,此时的孩子也有了自己独立的要求,他们喜欢自己脱、穿衣服,自己叠被子;乐于助人、喜欢劳动;有很好的记忆力,能很快背会一首儿歌或者古诗,这是我们人生中最天真烂漫的时期。

与 1 岁以内的婴儿相比,2 岁左右的孩子身长和体重的增长速度有所减慢。孩子在 1~2 岁内全年身长增长约 10 厘米,2 岁以后更慢,平均每年增长 5 厘米左右。3~6 岁的学龄前儿童生长发育较快,语言动作能力增强。7~12 岁的学龄期儿童更是处于迅速生长发育的阶段。这一时期,除生殖系统外,其他各系统器官的发育已接近成人。

幼儿期的孩子从会走、会跳、会跑开始,接触外界环境的机会相对增多。此时他们身体的神经系统发展迅速,语言、记忆及思维能力、想象力、精细运动等发展增快,对外界环境的好奇心越来越强,而且好模仿,总的来说,这时期孩子的智力是趋向智能发展的过渡时期。

到了上学年龄后,孩子体力活动增多,新陈代谢更加旺盛。这时,脑的形态结构发育基本完成,他们能较好地进行综合分析,对事物有了一定的自主控制能力,能有目的、有针对性地去观察事物。但是,因为他们的知识、经验和能力有限,所以常与愿望产生矛盾。游戏被认为是解决这一矛盾的最好形式,在游戏中进行想象、认识周围的世界,是孩子们乐此不疲的事。

▲ 在孩子的成长期,一些益智玩具能够帮助孩子们成长。玩具会使他们的大脑、视觉、听觉、触觉以及手脚协调等机能在玩的过程中得到锻炼。

⌐ 孩子在成长期会对周围事物产生强烈的兴趣,好奇、好动又好问,喜欢模仿成人的装扮和举动。

# 成年期

成年意味着人的生长发育过程已经完成，意味着人在生理、智力、情感方面都已成熟，这一时期也是人的一生中生活变化最复杂的时期。在这个年富力强的阶段，人开始成家立业、生儿育女，肩上开始担负起责任。除了更年期身体和心理上有些特殊反应外，整个成年期人的生理与心理基本上都处于更加成熟、更加稳定的状态中。

成年对每一个人来说，都是一件非常神圣和光荣的事。世界各国对成年有不同的界定，而在我国古代，人到了成年时期更有着异常隆重的仪式，如古代男子的冠礼、女子的笄礼，这不仅仅是一种民族文化，更体现了古人对个体独立人格的尊重。

按照我们自身身体的发育程度来看，现在的女孩大约在 19 岁、男孩在 20 岁就已经到性成熟，也就是步入了成年期。在这个阶段，人的身体最高大、抵抗力最强。但是，随着年龄的增长，家庭、工作负担的加重以及生理的原因，人的身体状况会出现种种问题。比如身体健康状况逐渐下降，冲劲、精力、体能都不如以前，容易感到疲劳；中枢神经系统开始缓慢衰退，反应慢，记忆力减退；开始发胖，头顶头发脱落，过去很少出现的健康方面的小毛病频频光顾；骨骼和肌肉的功能也会逐渐减弱，心脏对血液的输出量减少，消化功能和代谢率明显下降，排泄功能和生殖功能也随着年龄的增加而逐渐降低等。虽然这是每个人都必

青春期是人一生之中最美好的时期，它充满生命的朝气与活力。这一期间，不论男孩或女孩，其体格、性征、内分泌及心理等方面都发生巨大而奇妙的变化。经历了这段特殊的时期，我们就告别少男少女时代，迈入了成年的门槛。

**知识拓展**

更年期是人从生理旺盛期进入衰老期的一个过渡阶段，特别是女性在更年期会出现一系列生理和心理方面的变化。女性更年期大多在 45~55 岁，最突出的表现是雌激素分泌减少，卵巢功能下降，绝经，并伴随有心悸、失眠、乏力，情绪不稳定、易激动等现象。

然经历的过程，但在身体由盛转衰的另一面，我们也应看到自己的思想、各种价值观日益完善与成熟。

三十岁的人在学习阶段已经从被动接受进入了主观认知，有了自己独立的思想看法和独立的人格，到了学有所成的时候，是人走向成熟的转折点。

日常生活中，我们时常可以听到"三十而立"这个词。这个出自孔子之口的词，引来了后世众说纷纭的解释。所谓"三十而立"，通常意义上人们是这么理解的：30 岁的人应该能依靠自己的本领独立承担自己应承受的责任，并已经确定自己的人生目标与发展方向。这里的"立"并不仅仅指成家立业，它更多的是对人社会责任的一种定位。简单而言，就是说迈入这一年龄段的人应该能坦然面对生活中的一切困难了。

处于成年期的人与青少年期相比，对生活不再充满幻想，意志更加坚强，并善于控制自己的情感；而人到中年以后，更会遇到来自事业和生活等方面的种种困扰。

面对这些困扰和困难时，中年人会表现得更加平和，不会再有青少年时期的盲目和冲动。他们考虑问题会从家庭和社会实际出发，能够克服社会、工作、事业和家庭带来的各种困难，表现出很强的耐力和刻苦精神，对事业有一定的目标，并且有一套实现目标的具体、实际的计划或安排。正因为如此，成年人成为社会和国家发展建设中的中流砥柱。

● 小贴士 ▶▶▶

在一些公共场合，比如网吧里，我们时常可见这样的警示标语："未成年人禁止入内。"在现实生活中，因为未成年人对自己的所作所为缺乏足够理智和清醒的认知、判断，所以法律也对未成年人触犯法律的行为做出了特殊规定。这样的规定是整个社会出于对未成年人的保护而采取的一种措施。然而，这并不意味着未成年人对自己的行为就不承担任何社会责任。

# 老年期

从我们在母亲的腹中悄悄孕育，到呱呱坠地，到成长为翩翩少年，到风华正茂的青壮年，到耄耋之际的白发老人，直到生命的终结，经过一步步的成长，回首往昔时，也许我们也会不由自主地感叹时间过得太快。那么，为什么我们会长大，为什么我们会衰老呢？

生老病死都是自然规律，是谁都无法避免的经历。作为一种客观事实，衰老是由我们人体器官功能的退化和弱化所引起的，如细胞再生能力的降低、器官功能的衰退等，它具体表现在记忆力下降、皮肤变皱、毛发变白变稀、行动迟缓、骨质变脆、视力下降或"眼花"等方面。虽然客观规律不可违背，但晚年的幸福却因人而异，所以我们也不必感叹"夕阳无限好，只是近黄昏"，保持积极向上的心态，我们的生活依然会多姿多彩。

人在度过更年期以后，就逐渐进入老年期，这是人生过程的最后阶段。衰老与一般健康水平有关，多数人的衰老变化在40岁左右就开始显现出来，60岁以后，身体衰老会更为显著。变老是一切生命的共同现象，从生物学上讲，衰老是生物随着时间的推移，自发的必然过程。它是复杂的自然现象，主要表现为生命体结构和机能的衰退，适应性和抵抗力的减弱。

在有机生命体中，衰老和细胞的生长变化有很大关

**知识拓展**

我国古代医学将身体本身的活力称为精，精气是人体维持器官功能正常运行的动力所在。认为精气分先天之精与后天之精，前者来自于父母遗传，它是人生命的原始动力；后者来源于后天的日常饮食。先天精气与生俱来，是有限的；而后天精气可以不断得到补充。

◀ 随着年龄的增长，人的身体各器官组织功能会逐渐衰退。老年人走路不再像年轻时那么轻快、稳健，往往变得行动迟缓，脚步颤微。

## ● 小贴士 ▶▶▶

　　人过中年,脸上的皱纹几乎与日俱增,这是什么原因呢? 科学研究发现,皱纹的出现主要是由于皮肤下的脂肪逐渐失去后,上层的皮肤开始凹下和皱折引起的。另外,随着岁月的流逝,在皮肤的真皮层内,一些胶原蛋白黏合在一起,也逐渐变得僵硬,从而使皮肤失去原有的紧张度;而皮肤汗腺和皮脂腺分泌物随着年龄的增大逐年减少,使皮肤缺乏水分,也会在脸上形成一道道"年轮"。这些外表特征集中起来,就成为我们衰老的证据了。

系。由于细胞增殖是有规律的,并不是没有止境的。当人到了一定年龄阶段,细胞的交替更新会变迟缓,甚至可能停滞,于是人就会表现出衰老的迹象。如人到了 55~60 岁时,皮肤会失去弹性,皱纹增多;局部皮肤,特别是脸、手等处,会有色素沉着,呈大小不等的褐色斑点,这被称作老年斑。随着年龄的增长,人的身体开始萎缩,感觉器官也变得不太灵敏,关节也变得不再那么灵活。到了 70 岁的时候,人的身高比 20 岁时要矮 5~7 厘米。这是因为人的脊椎骨变短,脊椎骨之间的软组织椎间盘也萎缩了。随之而来的可能还有视力、听力下降,睡眠不好、食欲减退、记忆力衰退等现象。

　　脑的衰老是人体衰老的一个重要方面。人脑的功能如同身体的器官或内脏一样,会随着年龄的增加而逐渐衰退,这从老年人计算或思考都不如年轻人迅速,健忘在老年人中非常普遍的现象可见一斑。虽然老年人身体结构功能趋向衰退,但是在心理和智力的某些方面并不会随之减退,尤其是自己擅长的领域。当我们的生命之火在老年期的尽头越来越淡,这预示着我们的生命正在逐渐走向终结。死亡并不是一个可怖的话题,也没有多么神秘,因为这是所有生命都必然经历的过程。

　　老年期是人类生命过程中的最后阶段。经历过人生的坎坷起伏之后,在这一时期,终于可以停下来静享一下生命过程中最后的美好时刻,安度一个幸福快乐的晚年。

# 人体的组成

　　空气和水是人体不可或缺的物质；糖类和脂类为我们提供了生命活动必不可少的能量；蛋白质、核酸和无机盐构成人体的主要物质成分。在我们的生命正常运作中它们是如何影响到我们的生活，又是如何作用于人体的？人体中的维生素、微量元素虽然含量不多，但对人体而言同样至关重要，对我们来说，它们又有怎样的作用？翻开下一页，我们就会找到答案。

# 人体中的水

水是人体细胞的重要成分，是人体各种生理活动不可或缺的物质之一，也是人体中含量最多的物质。水可溶解各种营养物质，如脂肪和蛋白质等要成为悬浮于水中的胶体状态才能被人体吸收；水还可以帮助人体输送氧气和营养物质，排出代谢废物；人通过呼吸和出汗排出水分，以此来调节体温；水还是体内的润滑剂；另外，人通过喝水发汗还可排除体内的毒素；而人体一旦水分摄入不足或水分丢失过多，则可能引起脱水。

鱼类之所以能在水中生活，是因为它们具有能在水中呼吸的鳃。现代人不能在水中生活，是因为没有鳃这种适应水中呼吸的器官。人类的呼吸器官是肺，肺中流进了水，人就会被呛死。但解剖学家发现了一个惊人的事实：人的胚胎在早期发育阶段也有过鳃裂。这是偶然现象还是因为人类果真与鱼类有着悠久的亲缘关系？有科学家提出这样一个大胆的设想，人类与鱼类一样，也是起源于水中，人类的远祖也曾有过可在水中呼吸的鳃。虽然在漫长的进化

◀ 人们通过饮水获得人体所必需的铁、氟、磷、铜、锌等微量元素。人体的一切生理活动也都离不开水。一个健康的成年人每天约需进出 2 250 克水，最低不能少于 1 800 克。

● **小贴士** ▶▶▶

　　健康人每天排出的水,是随着每天摄取量的增减而增减的。摄取多就排出多,摄取少就排出少。只有这样,才能维持水的收支平衡。当人们在酷热的夏季或是在高温环境下工作时,出汗会特别多,有的在高温下工作的工人,每小时出汗甚至可能达 1~2 升。由于人排出的汗并不是纯水,里面还含有一定量的电解质,如钠离子和氯离子等。所以在这种大量出汗的情况下,只靠多喝水来补充水分是不够的,最好的补水方式是再喝一些淡盐水,以补充电解质。

过程中人类的鳃逐渐退化了,但在人的胚胎早期发育阶段仍留下鳃的痕迹。

　　几乎所有的生命都离不开水,人更不例外。从某种程度上说,人体中的所有生命活动,几乎都是在水的参与下进行的。在人体内部,机体不断地进行着水体的运动和再分配。血液不停地循环,犹如海洋中的海流,一颗健康的心脏就像一个水泵,每分钟要泵 3.5~5.5 升血液。对于一个 80 岁高龄的老人来说,其一生中心脏压出的血液约 20 万立方米,相当于一个深 2 米、直径约 360 米的小海湾的水量。

　　对于生命来说,水比阳光更重要。水是生命不可缺少的组成部分,而人体的内部则更像一个奇妙的"海洋"。有研究结果表明,一个身体重量为 70 千克的成年人,分布在各种组织和骨骼中的体液约 45~50 千克,占体重的 65%~70%。一个人的胚胎发育到 3 天时,所含的体液更是高达 97%,与海洋中的水母所含的水差不多。

　　水是细胞内的良好溶剂,它以两种形式存在于细胞中:一部分是与细胞内的其他物质相结合的结合水,另一部分是在细胞中以游离态的形式存在的自由水。在正常情况下,人体始终会处于水平衡状态,即补充的和构成有机体的水量与排出体外的水量相当。但是,一旦这个平衡被打破,则会给人体带来严重后果。

↳ 　人体一旦发生脱水现象,就可能导致血浆减少、血液浓缩,出现口干、烦躁、尿少、疲乏、消瘦等症状,严重时还会引起昏迷。

# 重要的空气

水、空气和阳光是至今为止，为人们普遍认同的生命三要素。我们每天都在呼吸空气，事实上主要是吸收和利用空气中的氧气，它是人体维持正常生命活动的重要物质。地球上的绿色植物是制造氧气的主要生物，当我们在城市里待得久了，一旦进入茂密的大森林，那里的空气会让我们感受特别深。氧气是人体完成各种生命活动的第一需要。人体的各部分都需要氧，任何器官、部位都不能缺氧，比如人的肌肉（含皮肤）一旦缺氧，就会开始发黑，继而慢慢溃烂。在人体所有重要器官中，大脑的耗氧量最高。如果脑缺氧，轻者会造成智障，重者会造成脑死亡。

当人经口鼻从外界吸入氧气后，氧会首先进入呼吸道。呼吸道包括鼻腔、咽喉、气管、支气管等部位，它是氧进入人体的唯一通道。我们的肺是人体进行气体交换的重要器官。人体内的血液在心脏的推动下，通过肺泡周围的微血管，周转于身体的各个部位。人体以氧气换取能量的过程中会产生碳酸气体，如果不及时把它排除掉，将影响心脏和其他重要脏器的正常活动。因此，肺需要连续性地提供氧气，并把碳酸气体排向心脏或其他器官，防止血液的酸化，这一过程叫气体交换。

如果说肺是氧气在人体中进行气体交

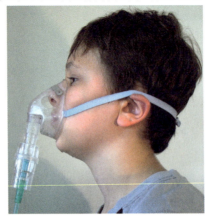

← 肺是人体内氧和二氧化碳交换的地方，呼吸道中的支气管就属于肺的一部分。在肺部，血液中的废气二氧化碳进入肺泡并交换出肺泡中的新鲜氧，这时的氧就可以被我们人体利用了，我们称此时的氧为血氧。

● **小贴士** ▶▶▶

有研究发现，只要在手术中和手术后给病人增加吸氧量，病人术后感染危险将降低一半。科学家们认为，增氧可以提高人体免疫系统的免疫能力，可为患者的"免疫大军"提供更多"弹药"，杀死伤口部位的细菌。医学实践中，麻醉病人在术后发生恶心或呕吐颇为常见，这让病人感到非常难受。不过这项研究发现可能会为麻醉病人带来福音，因为氧气具有防止呕吐的功能。它可参与防止肠道局部缺血的机体活动，从而阻止催吐因子的释放。

换的主要场所，那么血液就可看做是氧气的运输车了。人体中的血液输送的物质有很多，除了氧气，还有养分、激素、免疫体、中间代谢物、排泄物等。血液携带氧气在身体里流动时，氧气也被带到身体的各个部位。血液中的氧气增加时，也意味着搬运氧气的红血球增加，即血液量增加。这时，大量的血液在血管中流动，会冲洗掉附着在血管内壁的胆固醇等不纯物质，与此同时人体里的氧气也焕然一新。由此，不仅血液本身得到净化，人也就跟着会产生如获新生般的感觉。

说到呼吸，我们首先会联想到鼻子和嘴，其实我们的皮肤也在呼吸。它的呼吸是在皮肤组织内进行的，通过燃烧糖，在把它分解成二氧化碳和水的同时，利用汗孔与外界空气进行交换。通过皮肤呼吸，人体可以完成散发皮肤热、排泄有害物质、蒸发水分等重要活动。另外，新鲜的氧气可以调节身体的功能，使人体每个角落细胞的代谢活动更加活跃，因此，充足的氧气供应将活跃皮肤的血液循环，使皮肤健康并富有弹性。

为了使我们的身体拥有充足的氧气，现在人们还热衷于一种新潮的运动——有氧运动。有氧运动指人体在氧气充分供应的情况下进行的体育锻炼，在有氧运动过程中，人体吸入的氧气与需求相等，可以达到生理上的平衡状态。一般的有氧运动都富有韵律性，其运动时间通常较长，多在 15 分钟或以上，运动强度在中等或上等程度。

↑ 深呼吸能使人的胸部、腹部的相关肌肉、器官得到较大幅度的运动，较多地吸进氧气，吐出二氧化碳，使血液循环得以加强，对于解除疲惫，放松情绪，很有益处。

# 糖类 和脂类

人体是一个机构、功能非常复杂的生命机体，但其化学组成却极为简单。就拿人体细胞来说吧，构成人体细胞的化合物可分为无机化合物和有机化合物两大类。

水和无机盐是人体无机化合物的主要组成部分，而人体有机化合物则主要有糖类、脂类、蛋白质和核酸。这些化合物在细胞中存在的形式和所具有的功能都各不相同。我们知道，水在人体中占了主要部分，接近整个身体重量的 2/3。一个体重约 70 千克的男性，在脱掉水之后就只有 25 千克。而这 25 千克中，糖类约 3 千克，脂肪约 7 千克，蛋白质约 12 千克，无机盐及微量元素约 3 千克。

说到人体内能够提供和储备能量的物质，脂类可要算是一大功臣了，它是一大类性质相近的物质的总称，主要包括脂肪、类脂和固醇。脂类主要由碳、氢、氧三种元素组成，有些脂类物质还含有磷和氮等元素。脂肪是人体含量最多的脂类物质，也是人体内储藏能量的主要物质。脂肪在体内氧化分解后，可以生成二氧化碳和水，放出热量，供人体生命活动所需。磷脂和糖脂是构成生物膜的磷脂双分子层结构的基本物质，也是某些生物大分子化合物

肉类食物中含有丰富的营养，是人体所需蛋白质、脂肪、维生素和无机盐的重要来源。

（如脂蛋白和脂多糖）的组成成分。固醇存在于大多数真核细胞的膜中，最常见的代表是胆固醇，但细菌等生物不含固醇类物质。

由于糖类化合物和水一样，所含的氢氧比例为 2：1，所以被称作碳水化合物。碳水化合物是构成人体的重要成分，也是参与机体代谢的重要物质。我们通过日常饮食所摄取的碳水化合物分成两类：人可以吸收利用的有效碳水化合物（如单糖、双糖、多糖），以及不能消化的无效碳水化合物（如纤维素）。碳水化合物不仅是营养物质，有些还具有特殊的生理活性，例如肝脏中的肝素便具有抗凝血作用。碳水化合物是自然界存在最多、分布最广的一类重要的有机化合物，由碳、氢、氧三种元素组成，葡萄糖、蔗糖、淀粉和纤维素等都属于糖类化合物。人体中的碳水化合物通常以糖脂、糖蛋白和蛋白多糖的形式存在。

↑ 鲜橙汁所含有的糖分比较多，所以橙汁喝起来比汽水甜。

我们所熟知的葡萄糖，在生物学领域具有重要地位，它是活细胞的能量来源和有机生命体新陈代谢的中间产物。纯净的葡萄糖为无色晶体，有甜味但甜味不如蔗糖，宜溶于水，微溶于乙醇，不溶于乙醚。我们人体每日摄取的食物最终都要分解成葡萄糖和其他单糖，因为只有单糖，才可以参与机体代谢。葡萄糖在人体内氧化后会生成二氧化碳和水，并释放出能量供人体利用。人在患病时由于缺少能量，所以经常需输"糖水"。所谓输糖水，也就是将葡萄糖溶液通过静脉直接输到血液中，通过血液循环运送到全身各组织，并氧化产生能量。

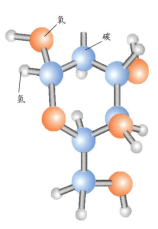

↑ 葡萄糖分子结构图。葡萄糖和果糖是最简单的糖类，前者更是生物体内新陈代谢不可缺少的营养物质，它的热量是人类生命活动所需能量的重要来源。

● **小贴士** ▶ ▶ ▶

　　婴幼儿正常生长发育的营养素，以糖、蛋白质及脂肪三大要素最为重要。糖类(碳水化合物)是供应体内热量的主要来源，而葡萄糖因为是一种单糖，进入体内可被直接利用。一般 1~6 个月的婴儿，食物中的糖类主要是乳糖和少许淀粉。4 个月后，幼儿所需含淀粉的食物会逐渐增加，到 1 岁时随着胃肠道消化淀粉的各种酶系统逐渐完善，食物中葡萄糖会在小肠中被吸收进入血液。这些葡萄糖通常会作为能量来源，过量的可变成脂肪。

# 蛋白质、核酸和无机盐

化学元素构成的生命分子是一切生命活动的物质基础。微观世界的各种分子、原子构成有机或无机的化合物，这些化合物又合成为蛋白质、核酸和无机盐，成为生命体细胞的组成物质。正是这些非生命的物质造就了最初的生命，现在这个结论已被人们广泛接受。蛋白质、核酸和无机盐是生命的主要物质基础，这些化合物在细胞中存在的形式和所具有的功能各不相同。蛋白质是构成生物体细胞结构的基本物质；核酸是一切生物的遗传物质，在细胞内大部分是与蛋白质结合为核蛋白存在；而无机盐是人体所需元素的物质总称，存在于体内的各种元素中。

蛋白质是由氨基酸组成的高分子有机化合物，含有丰富的氮、碳、氢、氧及少量的硫、磷、铁等元素，它是人类赖以生存的基础营养素。当人体蛋白质严重缺乏时，会出现营养不良性水肿。人体的一切细胞都是由蛋白质参与组成的，细胞中的蛋白质每天进行新陈代谢，大部分用于合成新的组织蛋白质，只有很小一部分会分解成尿素和其他代谢产物并排出体外。

氨基酸是构成蛋白质分子结构的基本物质，是蛋白质的基本单位。每个蛋白质分子实际上是由不同种类、成百上千的氨基酸按照一定的排列次序连接而成的长链。氨基酸是载有遗传信息的最小单位，在人体的生命活动中有着不可或缺的作用。目前，已知的组

**知识拓展**

目前人类已发现的近 2 000 种遗传性疾病都与DNA 结构有关。如人类镰刀形红血细胞贫血症，是由于患者的血红蛋白分子中一个氨基酸的遗传密码发生了改变；肿瘤的发生、病毒的感染、射线等对生命机体的作用等都与核酸有关。

▶ 牛奶及相关食品中含有丰富的蛋白质。

成蛋白质的氨基酸大约有 20 余种，其中 8 种必须从食物中摄取才能被人体吸收。它们分别是赖氨酸、色氨酸、苯丙氨酸、蛋氨酸、苏氨酸、异亮氨酸、亮氨酸、缬氨酸等，这些氨基酸被称为必需氨基酸。

核酸是一种高分子有机化合物，它广泛地存在于动植物以及微生物等生物体细胞内。核酸又分为核糖核酸（RNA）、脱氧核糖核酸两种，脱氧核糖核酸就是我们所称的 DNA。DNA 和 RNA 都是由一个一个核苷酸头尾相连而形成的，由碳（C）、氢（H）、氧（O）、氮（N）、磷（P）5 种元素组成。核酸是基本的遗传物质，在生物体的遗传变异和蛋白质的生物合成中有极其重要的作用，对生命体的生长、遗传、变异起着决定性的作用。核酸呈酸性，除含有碳、氢、氧、氮 4 种元素外，还含有大量的磷元素，个别的核酸分子中还含有微量的硫。

无机盐即无机化合物中的盐类，原来称为矿物质。在人体内，除了主要以有机物的形式出现的碳、氢、氧和氮外，其余各种元素无论多少，都统称为无机盐。虽然无机盐在人体内的含量很低，但它是构成人体的基本成分，对人体的作用非常大。所以要注意饮食多样化，少吃动物脂肪，多吃糙米、玉米等粗粮，不要过多食用精制面粉，这样能使体内的无机盐维持正常的水平。目前，人体已经发现 20 多种无机盐，其中含量较多的元素有钙（Ca）、磷（P）、钾（K）、硫（S）等。

▲ 鱼、虾等海产品和猪、牛、羊等肉类食品是组成核苷酸的几大元素主要来源。

---

## ● 小贴士 ▶▶▶

蛋白质这一概念最早是由瑞典化学家永斯·贝采利乌斯于 1838 年提出的。1926 年，美国生物化学家詹姆斯·萨姆纳了揭示尿素酶是蛋白质，首次证明了酶是蛋白质。世界上第一个被测序的蛋白质是胰岛素，由英国科学家弗雷德里克·桑格完成，他也因此获得 1958 年度的诺贝尔化学奖。1958 年，奥地利裔英籍科学家马克斯·佩鲁茨和英国科学家约翰·肯德鲁利用 X 射线晶体学方法，首次解析了血红蛋白和肌红蛋白的结构。

# 维生素

维生素是一系列有机化合物的统称，是生物体所需要的微量营养成分，生物一般无法自己合成，所以，饮食等手段是获得维生素的重要途径。

我们人体犹如一座极为复杂的化工厂，不断地进行着各种生化反应，这些反应与酶的催化作用有密切关系。酶要产生活性，必须有辅酶参加。目前科学家们已经获知，许多维生素是酶的辅酶或者是辅酶的组成分子，因此，维生素是维持和调节机体正常代谢的重要物质。可以说，最好的维生素是以"生物活性物质"的形式，存在于人体组织中。

虽然维生素在食物中的含量较少，人体对它的需要量也不多，但它却是人体不可或缺的物质。大多数的维生素，由于生命机体不能合成或合成量不足，因此不能满足机体的需要，所以必须通过食物获得。维生素以维生素原的形式存在于食物中，但是，与碳水化合物、脂肪和蛋白质三

许多新鲜蔬菜和水果是维生素的主要来源。维生素不能像糖类、蛋白质及脂肪那样产生能量、组成细胞，但是它们对生物体的新陈代谢起着非常重要的调节作用。缺乏维生素会导致严重的健康问题，适量摄取维生素可以保持身体强壮健康，但摄取过量，则会导致中毒。

大物质不同,维生素在天然食物中仅占有极少比例。虽然人体对维生素的需要量很小,日需要量常以毫克或微克计算,然而一旦缺乏就会引发相应的维生素缺乏症,对人体健康造成损害。

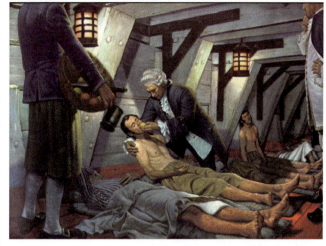

维生素是个"庞大的家族",目前,已知的维生素有20多种。按其溶解性,大致可以分为脂溶性和水溶性两

▲ 坏血病曾是许多航海者最大的瘟神,直到18世纪英国医学家詹姆斯·林德发现了柑橘能治愈坏血病,这一恶疾才得到了抑制。今天我们知道坏血病的病由是因为身体内缺乏维生素 C 引起的,而水果中含有大量的维生素 C。

大类:水溶性维生素,有维生素 $B_1$、$B_2$、$B_6$、$B_{12}$,以及烟酸、叶酸、泛酸、胆酸、维生素 C;脂溶性维生素,有维生素 A、维生素 D、维生素 E、维生素 K。水溶性维生素是一类能溶于水的有机营养分子。这类维生素从肠道吸收后,通过人体系统循环到机体需要的组织中,多余的部分大多由尿排出,在体内储存很少,所以需要不断地补充。脂溶性维生素大部分储存在脂肪组织中,通过胆汁缓慢排出体外,过量摄入时,容易在体内蓄积,造成中毒。维生素 A 和维生素 D 主要储存于肝脏中,维生素 E 主要存在于体内脂肪组织,维生素 K 储存得较少。

▼ 研究发现,有些物质在化学结构上类似于某种维生素,经过简单的代谢反应即可转变成维生素,此类物质被称为维生素原。据此,人们制成了各种维生素药剂。

在我们的日常膳食中如果缺乏维生素,时间一长就会引起人体代谢紊乱,以致发生各种维生素缺乏症,而避免这种情况发生的最好方式就是合理饮食。

● **小贴士** ▶▶▶

　　对于维生素,人类很早就意识到了它的存在。早在古埃及时,人们就发现进食某些食品可以避免患夜盲症,但是那时人们并不知道它的具体机理,中国古代中医也已经注意到一些富含维生素的中药对疾病的预防和治疗作用。1912 年,波兰化学家卡西米尔·冯克从米糠中提取出一种能够治疗脚气病的白色物质,他称之为 Vitamine,这是第一次对维生素命名。维生素有"维持生命的营养素"的意思,不过生物体即便缺乏维生素也不会很快死亡。

# 激 素

激素也被音译为荷尔蒙,这是一类由内分泌腺产生的化学物质,它能随着血液输送到全身,控制生物体身体的生长、新陈代谢、神经信号传导等生命活动。

激素在人体内的量虽然不多,但是对健康却有很大的影响。人体缺乏激素或激素含量过多都会引发各种疾病,例如生长激素分泌过多会引起巨人症,分泌过少会造成侏儒症;而甲状腺素分泌过多就会引发心悸、手汗等症状,分泌过少则易导致肥胖、嗜睡等症状;胰岛素分泌不足会导致糖尿病。人体内的激素由特定的细胞产生,并具有不同的作用。对我们的身体来说,激素过多或过少,都会对健康带来不利影响。所以,激素保持平衡,才是对健康的有力保证。

我们人体内的激素有 20 多种,每一种激素都会影响身体部位的功能。例如肾上腺素,它来自肾上腺,会使我们的心脏跳动,并在紧急情况下做出应激的准备,而消化道器官及胎盘等组织也能分泌激素。激素能够调节靶器官(靶器官指受到激素影响的器官)的生理过程节奏,可以将其打开或者关闭。我们身体内的激素都有一个最合适的含量,当这些激素的实际含量在这个数值附近时,它们就能发挥最好的作用。

激素是由我们身体中许多内分泌腺制造出来的。人体内分泌细胞有群居和散住两种。群居的形成了内分泌腺,

### 知识拓展

1900 年,在美国从事研究工作的日本人高峰让吉从牛的副肾中提取出调节血压的晶体物质,起名为肾上腺素,这是世界上提取的第一种激素晶体。

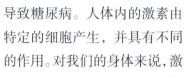
在我们的成长过程中,生长激素是促进生长发育最主要的激素,它能刺激长骨端部的软骨细胞分化、增殖,使长骨生长,个子慢慢长高。而性激素则在青春期促进人体生殖器官的发育和青春期人体的变化。

## ● 小贴士 ▶ ▶ ▶

胸腺位于心脏的前方，它可以制造出胸腺激素。胸腺激素能使白细胞辨认出入侵的外部细胞，并帮助它消灭入侵者。当我们年轻的时候，胸腺会制造很多胸腺激素，但是当我们渐渐衰老时，胸腺就变得越来越小了。胰岛素是胰腺分泌的蛋白质激素，它能够降低血液中糖的浓度，并促使这些糖转变为其他有机物。胰岛素缺乏时，糖不能被贮存利用，不仅会引起糖尿病，还可能引起脂肪代谢紊乱，出现血脂升高、动脉硬化、心血管病变等疾病。

如脑壳里的脑垂体，脖子前部的甲状腺、甲状旁腺，肚子里的肾上腺、胰岛、卵巢及睾丸；散住的如胃肠黏膜中的胃肠激素细胞、丘脑下部分泌肽类激素细胞等。存在于人体中的每一个内分泌细胞几乎都可看做是制造激素的小作坊，当大量内分泌细胞制造的激素集中起来，便成为不可小觑的力量。

激素从分泌入血，经过代谢到消失所经历的时间长短不同。为了更便于研究激素，科学家们一般采用激素活性在血液中消失一半的时间，即激素的半衰期，作为衡量激素更新速度的指标。研究发现，有的激素半衰期非常短暂，可能仅有几秒，有的则可长达几天。激素的半衰期与激素的作用速度、作用持续时间并不是一个概念，这三者完全不是一回事。激素作用的速度取决于它作用的方式，作用的持续时间则取决于激素的分泌是否继续；而激素的消失方式则包括被血液稀释、由组织摄取、代谢结束后经肝与肾，随尿、粪排出体外等。

20 世纪初，英国生理学家斯塔林和贝利斯在研究中率先发现了激素的作用，并给这种可引起生物体组织器官产生相关反应的物质取名为激素。

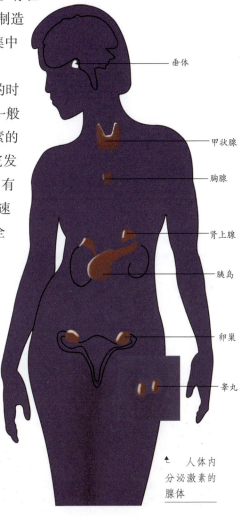

垂体

甲状腺

胸腺

肾上腺

胰岛

卵巢

睾丸

↑ 人体内分泌激素的腺体

# 人体微量元素

微量元素在人体内的含量微乎其微，一般而言，占体重万分之一以下的元素都可算作微量元素，如铁、锌、铜、锰、铬、硒、钼、钴、氟等。由于微量元素不能在体内合成，所以人体所需的微量元素必须通过饮食等方式，从外界环境中获取。尽管微量元素在人体内含量极小，但它们对维持人体中的一些决定性的新陈代谢活动却有着十分重要的作用。

科学研究发现，到目前为止，与人体健康和生命有关的微量元素有十几种，如铁、铜、锌、钴、铬、硒、碘、钼等。微量元素与人体的生命活力密切相关，摄入过量、不足、不平衡等，都会引起人体生理异常或疾病发生。一般来说，人体所需要的各种元素都是从食物中得到补充的。但是由于各种食物所含的元素种类和数量不完全相同，所以这就对我们日常的饮食习惯提出了要求。为了使我们所摄取的微量元素尽可能趋于平衡，在平时的饮食中，我们

**知识拓展**

世界各地人们的头发颜色各不相同，欧洲人多为金发，亚洲人多为黑发，有些地区的人们还是棕色头发。原来，这是由人的头发中的金属元素不同而决定的。头发是黑色，证明头发中的铁和铜含量比较多；含钛多，头发就是金黄色。

每种微量元素都有其特殊的生理功能。人体对其摄入过量、不足或缺乏，都会不同程度地引起人体生理功能异常或发生疾病。平时的饮食合理搭配，可满足身体各种微量元素的需要。

要尽量做到粗细粮结合和荤素适量搭配,还要养成不偏食、不挑食的习惯。如果不这样，我们的身体很可能会因为某些元素的缺乏而致健康受损。

　　人体中的每种微量元素都有其特殊的生理功能，一旦缺少了这些必需的微量元素，人体就会出现疾病，甚至危及生命。目前的医学研究结果表明，人类约有 30% 的疾病是由微量元素缺乏或不平衡直接引起的。如铁是构成血红蛋白的主要成分之一，一旦缺铁可引起缺铁性贫血等症。一些研究甚至发现，机体内铁、铜、锌的总量减少，均可减弱人体免疫机制功能，降低人体抗病能力，助长细菌感染，而且可能导致感染后的死亡率升高。

　　人体中的微量元素不但在维持人体正常生理机制中起着重要作用，而且它们在人体中含量的多少也会影响到人的智力等，既然微量元素对人体有如此重要的作用，那么我们身边的人群中，有哪些人群容易缺乏微量元素呢？科学家们发现，少年儿童、孕妇及哺乳期妇女、中老年人这几类人群最易缺乏该类元素。

　　我们人体中大约有 40 多种微量元素，仅仅在头发里，就有 20 多种元素存在。虽然头发里含的微量元素种类不及血液和尿中的含量多，但是头发中微量元素的含量却是最高的。

↑　小儿应多食含钙食物，充足的钙可促进骨骼和牙齿的发育。

# 眼睛 与 视觉

眼睛是形成视觉的人体器官，它被称为心灵的窗户。眼睛使我们拥有了视觉，为我们打开了一个五彩斑斓的美丽世界，借助于它，我们看到了许多美好的东西。

眼睛是人体的重要器官之一，人能够接受客观世界的信息绝大部分是通过眼睛"收视"的。眼睛不仅仅是"照相机""摄像机"，而且还是播放信息的"电视机"，可说是一台十分复杂的"精密仪器"。

眼球是眼睛的主要组成部分之一，它近似球形，位于眼眶的前半部。我们平常看到眼睛露出来的部分，只是眼球大小的 1/6，其余的都藏在眼窝里。正常成年人眼球前后径平均为 24 毫米，垂直径平均 23 毫米。最前端突出于眶外 12～14 毫米，受眼睑保护。眼球包括眼球壁、眼内腔和内容物、神经、血管等组织，其中眼球壁又分为外、中、内三层。眼球壁外层由角膜、巩膜组成，前 1/6 为透明的角膜，其余 5/6 为白色的巩膜，俗称"眼白"；眼球外层起维持眼球形状和保护眼内组织的作用；中层又称葡萄膜或色素膜，具有丰富的色素和血管，包括虹膜、睫状体和脉络膜三部分。内层为视网膜，是一层透明的膜，也是视觉形成过程中神经信息传递的第一站。

眼球中的角膜相当于有聚光作用的"凸透镜"；眼球中的晶体，像两块叠加在一起

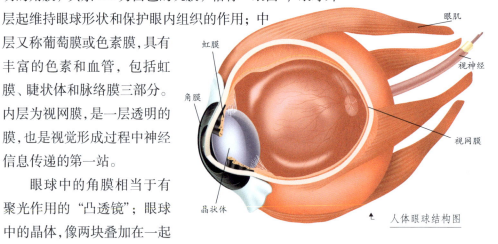

虹膜

角膜

晶状体

眼肌

视神经

视网膜

人体眼球结构图

的"放大镜";眼球后部的视网膜,是眼睛这部"照相机"的"感光胶片",使外界光线令视网膜"感光"的前期工作,由眼睛中的屈光系统来进行。当外界光线进入时,角膜、晶状体、睫状肌等会高度协调配合工作,它们共同的成果就是刚好使光线在视网膜上聚焦成像。

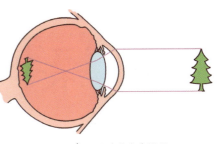

眼睛的成像原理

我们之所以能看到事物,是因为光线从物体上反射回来,并射入我们的眼睛。眼睛的特殊结构能使到达其前部的光线会聚到眼睛的后部,并在眼睛的后部形成倒影。在眼睛的后部,光线一旦接触到神经细胞,神经细胞就会将信号传递到大脑,这样我们就能看到图像,也就形成了视觉。我们常说的视力是眼睛准确反映客观事物的形态、颜色、距离、存在关系的能力。人眼睛的最大特征是辨认细节的能力,所以视力也常以视角分辨率来表示。视力分中心视力和周边视力,中心视力一般指我们查看视力表时确定的视力,也即人眼识别外界物体形态、大小的能力;周边视力也叫周边视野,简单地讲就是我们用眼余光所看到的视野范围。

长时间"目不转睛"对眼睛的危害很大,这样会使眼睛发胀,视力快速下降。所以应该定期检查视力,发现近视、远视、散光等视力问题,要在医生的指导下配戴眼镜进行矫正。

医学上常将视力分为中心视力、周围视力和立体视力三种。当一个人的视力在这三点上都符合生理要求时,才能算作是正常的视力。其中立体视力是一类最高级的视力,它是人在两眼中心视力、周边视力正常的基础上,通过大脑两半球的调和,对自己和周围空间各物体之间的距离关系做出正确判断的能力。

## ● 小贴士 ▶▶▶

　　眼球中任何一个部位出现问题都会影响屈光的效果,产生近视、远视、散光等视力疾患。近视通常看近物清楚,看远物模糊,其成因是远处物体经眼球折光后聚焦于视网膜前;远视是近处物体经眼球折光后聚焦于视网膜后,在视网膜上形成模糊的虚像;散光指眼睛屈光不正常,与角膜的弧度有关。为了更好保护我们的视力,平时看书、看电视、用电脑的时间都不宜过长。

# 耳朵与听觉

**你**能想象出人没有听觉的感受吗？对于一个健康人来说，每天听着闹铃起床，伴随着喧闹的都市晨曲上班上学已成习惯；戴上耳机听着优美动听的音乐，沉浸在想象出的一幅幅画面中，也未尝不是一件令人惬意的事。这些生活中再熟悉不过的情景，你能想象到一旦失去它，生活会变成什么样子吗？

我们都知道，耳朵是人体重要的听觉器官，正是有了它，我们才感受到了奇妙的有声世界。当耳朵接收到声音信号，就会通过神经系统传输给大脑，大脑收到后就会有意识地支配人的行为活动。耳朵不仅是人的听觉器官，还是平衡器官，具有保持机体平衡的功能。耳朵由外耳、中耳和内耳三部分组成，外耳完全暴露在身体外面，它是一条略呈 "S" 形弯曲的管道，长约 25 毫米；鼓膜介于外耳和中耳之间，是一层椭圆形、半透明的薄膜；中耳由鼓室、咽鼓管和乳突小房组成；内耳里面充满了液体，由一连串的腔室和通道组成。这三个部分中，外耳如同收

外耳

内耳

耳廓

外耳道　鼓膜

中耳

▲ 耳朵解剖图

● **小贴士** ▶▶▶

　　耳聋和耳鸣是比较常见的听觉疾患。造成耳聋的原因很多，遗传、产伤(产妇怀孕期间对胎儿造成的不良影响)、感染、药物应用不当等都可能导致耳聋。耳鸣是人们在没有任何外界刺激条件下所产生的异常声音感觉，如感觉耳内有蝉鸣声、嗡嗡声、嘶嘶声、嗞嗞声等单调或混杂的响声，实际上周围环境中并无相应的声音，耳鸣只是一种主观感觉，它可以短暂或持续性存在，但严重时也会影响到人的正常生活。

音机的天线，能把外界的声音汇集起来，送到耳朵的第二个部分——中耳；中耳则相当于一个传声系统，它将鼓膜产生的振动传入内耳；内耳收到信号，通过神经传递给大脑，这样大脑就能感受到声音的信号了。

　　耳朵是形成听觉的物质基础，从本质上来说，听觉的形成是外界因素和人体器官内外因共同作用的结果。物体的振动触动空气引发声波是听觉产生的物理基础，这里的振动物体称为声源，空气则是声音传播的媒介。声源通过空气产生声波，声波再经由人的外耳和中耳组成的传音系统传递到内耳。在内耳，声波的机械能转变为听觉神经上的神经冲动，听觉神经将这种神经冲动传送到大脑皮层听觉中枢而产生的主观感觉，我们称其为听觉。

　　听觉对于动物有着重大意义，动物会利用听觉避敌躲险、捕获食物。人类的语言和音乐在一定程度上也是以听觉为基础的，如果听觉出现问题或者丧失听觉，人会出现很大的交流障碍。听觉不仅是人类语言形成的基础，也是人与同类沟通交流的保证。听觉的好坏往往通过人接收语言后，对语言信息的反应和理解程度来判断。人在社会交往中，说话的人语速的快与慢、语言的可读懂度、语言的清晰度都会对听者的听觉效果产生很大影响。在语言因素之外，人所处的外部环境、人自身的听觉机制也是影响听觉的重要原因。比如嘈杂环境下，人的听力就比相对安静的环境下差一些。

　　听觉对我们如此重要，所以平日里要从小事做起，保护好我们的听力。

　↧　长时间用耳机听音乐会损伤我们的听力。

# 鼻子和嗅觉

↑ 鼻子的嗅觉功能可以使我们闻到花香

鼻子是人体重要的嗅觉器官。两个鼻孔是我们呼吸的重要途径，鼻孔后面是鼻腔，中间是软骨和骨质的鼻中隔。鼻腔内有大量能分泌黏液的黏膜，它能够保持鼻孔湿润，还能粘住灰尘、细菌等对人体有害的物质。鼻子是呼吸道的大门，能对空气进行仔细过滤，保证肺部和气管的清洁。当你呼吸时，气味进入了你的鼻孔，然后落在里面特有的毛状气味感应器官上。感应器官察觉出这些气味后，便把信号传送到你的大脑中，这就形成了嗅觉。

嗅觉器官由人体的嗅神经系统和鼻三叉神经系统共同组成。人的嗅觉感受器和所有脊椎动物一样，由鼻腔内部的嗅细胞产生。嗅细胞位于鼻腔深处嗅上皮中，是嗅觉器官的外周感受器。它的黏膜表面上有一层嗅纤毛，上面覆盖着一种黏液，可以同有气味的物质相接触。每种嗅细胞的内端延续成为神经纤维，嗅分析器皮层部分位于额叶区。在嗅上皮中，嗅觉细胞的轴突形成嗅神经；嗅神经伸入位于每侧脑半球额叶下面，膨大而呈球状的嗅球中，嗅球和端脑组成人体嗅觉中枢。

嗅觉的刺激物必须是气体物质，只有挥发性有味物质的分子，才能成为嗅觉细胞的刺激物。当外界的气味分子刺激到位于嗅觉细胞树突末端的嗅觉纤毛后，嗅觉纤毛会

**知识拓展**

自从人类发明了香水，我们就开始了一场经久不衰的嗅觉盛宴。各种风格品质皆不相同的香水无不以它们或清新婉约或神秘浪漫的独特气息诱惑着人们，给我们的嗅觉带来一次次的美好享受。

## ● 小贴士 ▶▶▶

嗅觉在人的成长过程中，会随着年龄的增长发生变化。婴儿出生时已有完整的嗅觉反应，所以对刺激的气味，如风油精、已尿湿的尿布等会有讨厌的表情。许多研究表明，我们辨别各种气味的能力随年龄的增长而衰退。人类嗅觉的最佳时期是 20 ～ 40 岁，50 岁以后会出现轻微的衰退，70 岁以后会有显著的衰退。

将这种信息传送到细胞质，接着到达嗅觉细胞上的轴突。轴突上的嗅神经会延伸到每侧脑半球额叶下侧的两个嗅球处，与它们会合。嗅神经就是在此开始分支，并向内嗅中枢和外嗅中枢分布，直到大脑的嗅觉区里，将信息传递给大脑，最后由大脑作出分析和判断，至此嗅觉正式形成。

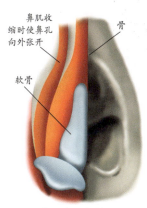

鼻肌收缩时使鼻孔向外张开　骨　软骨

▲　鼻子解剖图

嗅觉的主要作用就是让人体感觉到各种不同的气味，而敏锐的嗅觉还可以识别危险，比如当我们嗅到室内的煤气味时，我们能很快意识到危险，进而采取措施。当人的听觉、视觉受到损伤时，嗅觉会帮助我们分析生活中不断变化的实际情况。盲人、聋哑人就常常根据气味来认识事物，了解周围环境，确定自己的行动方向。

人们对于同一种气味物质的嗅觉敏感度常常会因人而异，缺乏一般人所具有的嗅觉能力的人，我们称为嗅盲。另外，环境中的温度、湿度和气压等的明显变化，会对嗅觉的敏感度有很大的影响。

➡　嗅觉器官是我们的身体内部与外界环境沟通的出入口。因此，它担负着一定的警戒任务。

# 舌头和味觉

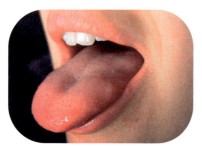

↑ 仔细看,我们舌头表面上有很多小突起,它能帮助我们品尝各种美味佳肴。

味觉是我们一项重要的感官,没有味觉,再好的美味佳肴,我们也食之无味。人体的味觉主要是通过舌头来体现的,舌头为什么能分辨出各种味道呢?对着镜子,我们可以看到舌头上无数个小小的突起,这就是味蕾,味蕾就是分布在舌头上的味觉感受器。成年人约有1万多个味蕾,它们集中地分布在舌头的尖部、侧面和后面,口腔的腭、咽等部位也有少量的味蕾。

味蕾一般有40~150个味觉细胞,味觉细胞表面有许多味觉感受分子,不同的物质与不同的味觉感受分子结合,再经神经感觉系统将信息传导到大脑的味觉感受体,由大脑进行分析,我们就会知道食物是什么滋味了。科学研究发现,人体中味蕾的数量会随年龄的增大而减少,从而对味道的敏感度降低。一个儿童有1万多个味蕾,味蕾分布较为广泛,而老年人的味蕾则因萎缩而减少。因此,儿童对味道的感觉比较灵敏,而老年人的味觉则较为迟钝。

味觉是食物在人的口腔内,因为对味觉器官化学感受系统产生刺激,从而使人体产生的一种感觉。我们的舌头实在是奇妙无穷,当舌头上不同的味觉感受体与不同物质结合时,我们会感受到不同的味道。从味觉的生理角度分类,人体只有四种基本味觉:酸、甜、苦、咸,它们是食物直接刺激味蕾产生的。由于味蕾对各种味道的敏感程度

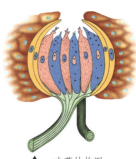

↑ 味蕾结构图

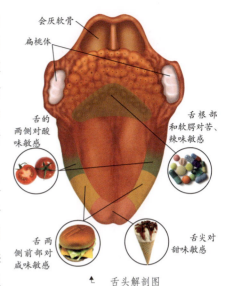

不同，在这四种基本味觉当中，人最容易辨别的是苦味，其次为酸味，再次为咸味，而最差的则是甜味。除了这四种基本味觉，我们还能感知辣味、涩味等。辣味其实是食物成分刺激口腔黏膜、鼻腔黏膜、皮肤和三叉神经共同引起的一种痛觉；而涩味则是食物成分刺激口腔，使蛋白质凝固时而产生的一种收敛的感觉。

会厌软骨
扁桃体
舌根部和软腭对苦、辣味敏感
舌的两侧对酸味敏感
舌两侧前部对咸味敏感
舌尖对甜味敏感

▲ 舌头解剖图

除了这点，舌头的不同部位还有不同分工呢！原来，这是由于各种味细胞对味道的接受各有分工，而分工不同的味细胞又处于舌面的不同位置，于是在舌头上形成各自的地盘。例如舌尖对甜味最敏感；舌根很容易感受到苦味；酸味极易刺激到舌头两侧的味觉细胞；而咸味则是舌前部和舌的两侧都敏感的味道。除了味蕾以外，人体的舌和口腔内部还有大量的触觉和温度感觉细胞。这些细胞能通过中枢神经，把所有感觉综合起来，于是我们就产生了多种多样的复合感觉。

如果你仔细观察过舌头，会发现舌头上常覆盖着一层白而润的苔状物，它就是中医学上所称的舌苔。正常情况下，由于咀嚼和吞咽动作，以及唾液、饮食的冲洗，人体会经常不断地清除舌头表面的物质，因此，舌面上只会有一层薄薄的物质。医生通过查看舌苔，往往也能判断出我们身体所存在的一些病症。

→ 儿童的味觉细胞比较丰富，尤其对甜食十分敏感。他们的身体能有效地把这些甜食转化为成长所需的能量。

### ● 小贴士 ▶ ▶ ▶

最新的一项研究结果发现，除了嘴，我们人体的肺部和气管也可能存在味觉器官，这意味着肺和气管也可能有"味觉"，这些味觉器官就位于肺部和气管的平滑肌上。该研究小组称，与舌头上的味蕾不同，肺部和气管的感受器无法"尝出"酸、甜和咸味，只能对刺激性味道作出反应。研究人员通过实验发现，肺部和气管的感受器在"尝到"刺激性化合物后会放松平滑肌，导致气管张开。如果这一发现属实，那么将有助于哮喘或慢性肺部疾病的治疗。

# 感受细微的触觉

触觉就是身体与物体接触时产生的感觉。当我们身体的一定部位与外界物体接触时，都会不同程度地感受到物体的存在，甚至可能对物体的形状、硬度、光滑程度等情况做出判断，这就是触觉，它是对接触、滑动、压觉等机械刺激的总称。

多数动物的触觉器是遍布全身的，比如人的主要触觉器官皮肤。位于人体体表的皮肤，能依靠表皮的游离神经末梢接受来自外界的温度、湿度、疼痛、压力、振动等方面的感觉。触觉有狭义和广义之分，狭义的触觉，指刺激轻轻接触皮肤触觉感受器所引起的肤觉；广义的触觉，还包括外部压力使皮肤部分变形所引起的肤觉，即压觉。所以，触觉一般称为"触压觉"。

**知识拓展**

盲人利用触觉来完成阅读。他们使用一种特殊的字母表，叫做"点字"。点字是印在纸上的凸点符号文字。一连串的凸点代表着字或字母，盲人利用他们的指尖触摸这些点字。点字法是法国盲人路易·布莱叶发明的。

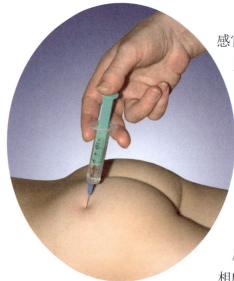

↑ 当身体受到外来伤害时，皮肤能传递出疼痛感。

触觉是最复杂的感官，触觉中包含至少 10 种截然不同的感觉。皮肤是我们身体中最大的触觉器官，在与周围世界接触时，触觉依靠分散在全身皮肤上数百万个微小的传感器产生感觉。这些感觉能告诉我们，脚上的鞋子是否合脚，哪些质地的衣服穿在身上比较舒服。

研究发现，我们人体的正常皮肤内分布有大量感觉神经及运动神经，它们的神经末梢和特殊感受器广泛地分布在表皮、真皮及皮下组织内，以感知体内外的各种刺激，引起相应的神经反射，维持机体的健康。在皮肤表面散布着很多触觉小体，这些触觉小体呈卵圆形，大小不同。其长轴与皮肤表面垂直，外包有结缔组织囊，

● **小贴士** ▶ ▶ ▶

人们自身的触觉对机体是有益的,如经常伸一伸懒腰、半躺在摇椅上前后摇摆,可以松弛神经系统;经常进行桑拿浴、淋浴、擦身和按摩,可以使痉挛的肌肉放松下来。触觉还有着更为神奇的作用,可以表示亲密、善意、温柔与体贴之情。

小体内有许多横列的扁平细胞。触觉小体在人体皮肤上的分布很不规则,主要集中在皮肤真皮乳头内,以手指、足趾掌侧的皮肤居多。一般指腹处最多,其次是头部,而小腿及背部最少。正因为如此,所以指腹的触觉最为敏感,而小腿及背部最为迟钝。当我们用线头接触手指腹时会有明显的触觉,而接触小腿则几乎毫无知觉。

在人体的感觉器官中,人们很少探索和研究触觉,然而,触觉对于人体健康却是十分重要的。研究发现,人的神经系统和皮肤之间有着千丝万缕的密切联系。在生命形成初期,处于母体子宫中正在发育的人体胚胎由三层特殊的细胞组成:第一层(中胚层)将形成肌肉和骨骼等;第二层(内胚层)将形成人体内脏器官等;第三层(外胚层)将形成人体神经系统和皮肤。科学家由此得出结论:人体皮肤与人脑是由同一组织产生的。皮肤可以看做是人脑的外层,或是人脑的延伸部分,这个结论成为解释皮肤上为什么会有极其丰富的感觉感受器的有力证明。

人的皮肤上除了有触觉,还有冷觉、热觉和痛觉,这些感觉都是生物进化中的产物。各种感觉对我们都有重要的保护意义,特别是痛觉,它会给我们发出信号,通知我们具有伤害性的危险已经来临,让我们及早采取措施。

➤ 失去触觉,我们无法控制自己抓握物品的力量,会很容易将气球抓破,甚至我们根本不知道是否已经抓到气球。

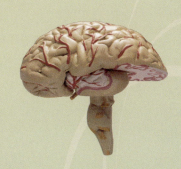

# 系统与主要器官

　　人体是一个奇妙而复杂的机体，在某种程度上它也可以被看成是一架构造相当精密的机器。我们的大脑相当于这架机器的中央处理器，其他的器官则相当于它的元器件，神经系统相当于连通整个机器的网络电路。虽然这架机器这样精密而复杂，但它工作起来却是有条不紊，一点儿也不含糊。它是如此神奇，以至于我们不得不对大自然这个最伟大的创造者由衷赞叹。

# 神经系统

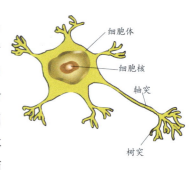

人能看到周围事物，听见声音，闻出香臭，尝出滋味，做出各种喜怒哀乐的表情等，全依赖于我们的神经系统。神经系统是人体的"指挥中枢"，分为中枢神经和周围神经两部分。作为一个相当复杂的有机生命体，人体内部各器官、系统的功能不是孤立的，它们之间互相联系、互相制约；同时，环境的变化也随时影响着体内的各种功能，这就需要对体内各种功能不断作出迅速而完善的调节，使机体适应内外环境的变化，而实现这一调节功能的系统主要就是神经系统。

神经系统作为生理活动的调节者和指挥者，始终处于主导地位，主要体现在两个方面：一方面是它使体内各器官系统的功能活动协调统一，保证人体成为一个统一的生命整体；另一方面，神经系统能使机体随时应付外界环境的变化，从而在人体和不断变化的环境之间达到相对的平衡。

神经系统是生命机体内起主导作用的系统。人体各种器官、系统的功能都是直接或间接处于神经系统的调节控制之下，它是整个人体内起主导作用的调节系统。神经系统由脑、脊髓和它们发出的许多神经组成，脑和脊髓是神经系统的中枢部分，叫中枢神经系统；脑和脊髓发出的神经组成的周围部分，叫周围神经系统。神经系统约占人体体重的 3%，但却是人体最复杂的

▲ 神经元也叫神经细胞，是构成神经的基本单位。它有许多称为"树突"的小分支和一条如电线般较长的轴突，神经细胞很长，有的可长达 1 米。

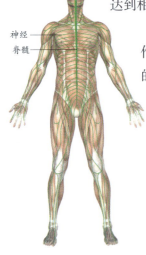

▲ 神经系统

### 知识拓展

人类在长期的进化发展过程中，神经系统特别是大脑皮质得到了高度的发展，产生了语言和思维。人类不仅能被动地适应外界环境的变化，而且能主动地认识客观世界，改造客观世界，使自然界为人类服务，这是人类神经系统最重要的特点。

● **小贴士** ▶▶▶

　　神经是由一束又长又细的神经元细胞组成的，人的体内有三种神经元，即感觉神经元、运动神经元和联络神经元，它们组成了复杂的神经系统。比如，当我们碰触到了某种物体，感觉神经元就会获得信息，并将信号传递给连络神经元，联络神经元将信号传递给一个或几个运动神经元，接着大脑就会做出反应。

系统。神经元是神经系统的主要组成细胞，神经胶质是构成神经系统的次要细胞结构与营养。神经系统调节和控制其他各系统的共同功能活动，使机体成为一个完整的统一体。通过调整机体功能活动，它使机体适应不断变化的外界环境，维持机体与外界环境的平衡。如气温低时，通过神经系统的调节，人体内部小血管收缩，会减少体内热量散发；如气温高时，人体神经系统周围的小血管扩张，会增加体内热量的散发，以使体温维持在正常水平。

　　中枢神经是人体的司令部，包括大脑、小脑、间脑、中脑、脑桥、延髓和脊髓。大脑统率着整个中枢神经以及周围神经。中枢神经负责接受、储存、分析和加工信息，并向各个部门下达命令。周围神经如同司令部与各部门之间的通信网，负责对命令的传达贯彻，同时负责向上传递情报。周围神经包括躯体神经系统、自主神经系统和肠神经系统。

　　神经系统的功能活动十分复杂，但其基本活动方式是反射。反射是神经系统对内、外环境的刺激所作出的反应。反射活动的形态基础是反射弧，反射弧每个环节必须完整，缺一不可。脊髓能完成一些基本的反射活动。

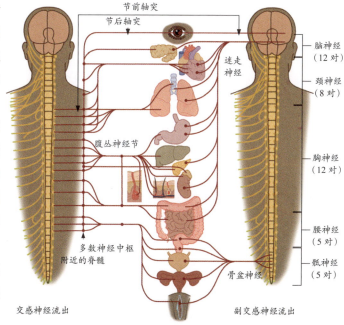

节前轴突
节后轴突
迷走神经
脑神经（12 对）
颈神经（8 对）
胸神经（12 对）
腹丛神经节
腰神经（5 对）
多数神经中枢附近的脊髓
骶神经（5 对）
骨盆神经
交感神经流出
副交感神经流出

# 大脑

脑部是人体神经系统的主要组成部分，位于头部颅腔里。它是一个非常精密而复杂的器官，同时，脑也是人体的中枢，负责控制和协调行动、体内稳态以及精神活动。作为人体最重要，也是最神奇的器官，大脑控制着人体的行为活动，它是运动和感觉的中枢，更是记忆、感情、意志、判断、思考等精神活动的中枢。在夜晚，我们进入了睡眠，大脑却还在工作，它的工作节奏根据睡眠的不同阶段而变化着。

脑是比脊髓更高级的中枢部分，位于颅腔内，一般我们会笼统地将其分为大脑、小脑、脑干三部分。大脑是脑最发达的部位，是神经系统调节人体生理活动的最高级中枢。小脑位于大脑的后下方，脑干背侧，它对人体的运动起协调作用。大脑下方和小脑前方是柄状的脑干，脑干由中脑、脑桥和延髓组成。大脑的白质中分布着许多重要的神经传导束，灰质中有一些调节人体基本生命活动的中枢，如心血管运动中枢、呼吸中枢等，这些中枢一旦受到损伤，就有可能使人体立即致死，因此，有人称它是"生命中枢"。

成人大脑由约140亿个细胞构成，重约1400克，这些细胞共同形成了一个以传递信号为主要功能的复杂网络。从医学设备上看，大脑就像一团核

大脑

小脑

脑干

人体的脑部结构

桃仁状的豆腐脑，非常柔软、娇嫩。大脑体积平均为 1 600 立方厘米。科学家们研究发现，我们每个人的脑重量是不一样的，但不是越重的脑就越聪明，一般认为，个人的智商与细胞间连接的数目和有效性有关。我们通常将脑所发出的神经称为脑神经，脑神经共有 12 对。第一对到第十二对脑神经的名称依次为嗅神经、视神经、动眼神经、滑车神经、三叉神经、外旋神经、颜面神经、位听神经、舌咽神经、迷走神经、副神经、舌下神经。研究发现，人脑"计算机"的能力远远超过世界最强大的计算机，它的记忆力非常惊人，可以储存约 50 亿本书的信息，神经细胞功能间每秒可完成信息传递和交换次数达 1 000 亿次。

▲　大脑就像一部旋转精密的机器，是人类进行思维活动的物质基础。

　　关于人脑，还有一些有趣的数据。人脑中的主要成分是水，水占了脑重约 80%。人脑本身虽仅占人体体重的 2% 左右，但耗氧量达全身耗氧量的约 20%，血液循环量占心拍出量的 20% 左右，葡萄糖的消耗量约占全身的 25%。不过对于大脑来说，绝大多数能量都被用于维护日常运转，而冥思苦想所消耗的能量几乎可以忽略不计。

➡　大脑是人类身体器官中最为复杂和精细的，它承载着人类的所思所想，所有理解、创意、思考、判断、推理等感触和意识，都来自大脑的作用。

# 科学用脑

大脑是人体中枢神经系统最高的部位，也是人体进行思维活动最精密的器官。它好比一台机器，长期不用就会"生锈"，但是如果用脑过度，也会损害大脑的健康，因此要学会科学用脑。根据大脑记忆功能的变化规律，选择恰当的时间记忆学习的内容，就能取得最佳效果。

心理学研究证明：人脑每思考一个问题，就会在大脑皮层上留下一个兴奋点，思考的问题越多，留下的兴奋点越多，最后许许多多的兴奋点会组成一个相互连通的网络。当我们在学习中遇到问题时，只要触动一点，就会牵动整个网络，这时我们再运用已经掌握的知识，问题就可以解决了。这就是我们常说的"触类旁通""举一反三"。相关的一些调查研究也发现，多用大脑思考，实际就是对大脑进行思维训练，这能使大脑思维更加敏捷，反应更快。而经常用大脑思考，可以增强大脑储存信息、提取和控制信息的能力。一些研究事实证明大脑受到的训练越少，衰老越快，反之用脑越多，脑细胞衰老则越慢。所谓"脑子越用越灵"，这个说法并不是没有道理的。所以在我们的学习

## 知识拓展

大脑工作时，脑细胞需要大量的氧气来氧化分解葡萄糖，从而保证大脑正常运行所需要的能量的供应。因而学习的环境，要保持空气流通、新鲜。另外，要尽量避免在有噪声的环境中学习，而光线太强的环境，也不利于人用脑来学习。

◄ 充足的睡眠可以保证大脑轻松的工作。当你四肢无力、注意力不集中的时候，这就是大脑在提醒你它已经非常疲倦了，需要休息。

实践中，多给大脑创造思考的机会，这不但能提高学习效率，还能使脑细胞充满活力。

　　科学用脑，除了要加强大脑的训练，我们还要讲究大脑的使用方法。一个人在最佳时间用脑，效率会大大提高，否则往往事倍功半。所谓最佳用脑时间，是指人精力充沛，脑细胞处于高度兴奋状态的时间。

↟　适度的工作和学习是对脑的一种有益的刺激，可保持大脑皮质最适宜的紧张度，对脑的保健非常有益。

　　我们知道，大脑皮层通常有兴奋和抑制两种状态，当某一神经中枢兴奋时，其他神经中枢就处于抑制休息状态；当某一神经中枢长时间兴奋即工作时，大脑会转入抑制状态阻止我们继续用脑，这时就会出现工作效率下降等现象。因此我们在日常学习中，要遵循大脑的作息规律，做到劳逸结合，这样可以有效调节流经大脑的血量，改善脑营养代谢，促进脑能源物质的合成，消除脑疲劳，从而更好地提高脑的工作效率。

　　人的大脑有左右脑之分，而且左右脑分工各不同。由于我们传统的教育方法偏重于阅读、书写、逻辑、运算等，而这些活动多由左脑半球支配，因此左脑不断被强化，这使得侧重于空间关系、艺术、情感等并支配左侧肢体运动的右脑，被闲置而处于弱势。为活化右脑，促进左右脑均衡发展，应加强左肢体的运动，重视艺术教育和情感教育。

↟　发呆也是一种缓解疲劳的方式

### ● 小贴士 ▶▶▶

　　我们身边可能经常有同学为了争取一会学习时间，到了吃饭的时候还饿着肚子继续学习。事实上，这是一个得不偿失的做法。当我们处于饥饿状态时，脑细胞正常活动所需的能量得不到满足，大脑的神经细胞就逐渐走向抑制，再加上空腹造成的饥饿刺激不断地作用于大脑，容易使注意力分散，而影响学习效率。另外，刚吃完饭也不宜立即投入学习。因为此时消化系统的血液量增加，会导致大脑血流量相对下降，使人发困。

# 睡眠和做梦

睡眠是我们每天都必须的生理活动，因为我们的大脑和身体一样也需要休息，当大脑需要休息的时候，我们就会觉得困乏想睡觉。睡眠的目的是为了获得足够的精神和体力，它可以使大脑白天消耗的脑力得到恢复，对人体的正常生理机能有着非常重要的作用。当我们在睡觉的时候，一部分的大脑皮层因为尚未完全处在抑制状态，有的还在活动，这样就会在我们的脑海中产生各种奇幻现象，这就是梦。

科学家研究发现梦的发生与人在睡眠状态下快速动眼和非快速动眼的周期性相关。一般来说，多数在醒来之后能够回忆的栩栩如生的梦发生在快速动眼睡眠阶段。

奥地利精神分析学家西格蒙德·弗洛伊德所著的《梦的解析》（又叫做《释梦》），是一部心理学的经典著作。在《梦的解析》中，弗洛伊德通过对梦的科学探索和解析，发掘了人性的另一面——"潜意识"，并由此揭开了人类心灵的奥秘。弗洛伊德指出，梦是"愿望的满足"，而绝不是偶

◆ 在人的一生中，睡眠占了很大一部分时间。科学研究发现，从入睡开始，人的大脑会经历4~5个区间的快速动眼期睡眠。

梦的内容有时很清晰，我们可以在醒来后讲出梦的内容；有时却很模糊，我们甚至不知道具体梦到了什么。

然形成的联想，即通常说的"日有所思，夜有所梦"。他解释说，梦是潜意识的欲望，"由于睡眠时脑对潜意识的检查作用松懈，（潜意识）趁机用伪装方式绕过抵抗，闯入意识而形成梦"。

做梦是人体一种正常的、必不可少的生理和心理现象。人入睡后，一小部分脑细胞仍在活动，这是梦形成的前提条件。大脑调节中心平衡机体各种功能的共同作用导致了梦的产生，而梦也是大脑健康发育和维持正常思维的需要。一旦大脑调节中心受损，就不会形成梦。

科学家曾做过这样一个试验，当睡眠者一旦出现做梦的脑电波时，就立刻被唤醒，不让其梦境继续。如此反复进行，结果发现对梦的剥夺会导致人体一系列生理异常，同时伴之出现焦虑不安、紧张、易怒、记忆障碍等一系列不良的心理反应。

由于疲劳或睡眠不足会导致大脑温度上升，通过打哈欠呼吸新鲜空气，可以降低大脑的温度。

## ● 小贴士 ▶▶▶

研究发现，无梦睡眠不仅质量不好，而且还是大脑受损害或有病的一种征兆。在临床医学实践中，有些有头痛和头晕症状的病人，常诉说睡眠中不再有梦或很少做梦。结果经诊断检查，证实这些病人脑内有轻微出血或长有肿瘤。另外，痴呆儿童有梦睡眠也明显比同龄的正常儿童要少，而患慢性脑综合征的老人的有梦睡眠也同样少于同龄的正常老人。一些研究结果表明，倘若大脑调节中心受损，就形成不了梦。若长期噩梦连连，也是身体虚弱的预兆。

# 人体生物钟

生物钟指的是生物体的一些包括生理、行为以及形态结构等随时间作周期性变化的现象。我们人体的各种生理指标（如体温、血压、脉搏），人的体力、情绪、智力和妇女的月经周期，体内的信号（如脑电波、心电波、经络电位、体电磁场的变化）等，都会随着昼夜变化做周期性变化。科学研究发现，生物钟紊乱的时候，人体很容易生病或者衰老，甚至死亡。

生物钟到底是怎么一回事呢？有人认为，生物钟现象与人体内的褪黑素有密切的关系。由于褪黑素是由松果腺所分泌，因此生物钟也应该位于松果腺上；另外还有由外界信息所导致的外源说、生物体内在因素决定的内源说和生物体与环境相互作用的综合说等。但生物钟形成的真正原因，目前并无统一说法。

人体存在智力、情感、身体周期分别为 33 天、28 天和 23 天的生物钟，这 3 种"钟"即人体生物三节律，它们存在明显的盛衰起伏，在各自的运转中都有高潮期、低潮期和临界期。如人体三节律处于高潮时，人会表现出精力充沛、思维敏捷、情绪乐观，记忆力、理解力强等状态，这一时期也是学习、工作、锻炼的大好时机。相反，三节律运行在临界期或低潮期时，则会表现出耐力下降、情绪低落、反应迟钝、健忘走神等问题，所以这时人们往往需

## 知识拓展

有研究者认为，许多疾病死亡时间恰在智力、身体、情感三节律的双重临界日和三重临界日。了解自己三节律的临界日和低潮期，可以在心理上早作准备，以顽强的意志和高度的责任感去克服困难，安然度过低潮期。

← 健康人体的活动大多呈现 24 小时昼夜的生理节律，这与地球有规律自转所形成的 24 小时周期是相适应的，表明生理节律受外界环境周期性变化（光照的强弱和气温的高低）的影响。

● **小贴士** ▶▶▶

> 生物钟学对人类来说越来越重要，但我们现代人的生活模式却越来越偏离生物钟。比如轮班制越来越多，我们越来越少去晒太阳，越来越频繁地跨时区旅游等。这样可能是会导致失眠和饮食失调、精力不足甚至会得抑郁症。要改变习惯可能并非一件易事，但我们可以适当地采取一些措施来改善一下这种情况，比如对一类晚睡晚起、睡眠时间长的年轻学生推迟上课时间，无论从授课效果还是健康上看都大有好处。

要格外的注意，提醒自己集中注意力。

　　生物钟虽然看不见，但它又时时刻刻影响着我们。当最初学写自己的名字时，名字是作为一种刺激信息被感官接受并储存在大脑记忆库里的。一旦有人叫你的名字，这种外部刺激会通过你的大脑和听觉中枢等，促使生物钟的提示事件功能马上发挥作用，提示功能会将你的名字从大脑的记忆库中调出来放到思维中枢，它的存在中断了思维中枢的其他思维，于是思维中枢按照过去的习惯或其他原因，使你产生回答或看着呼叫者，这就是生物钟的作用过程之一。你每天早上6点自动起床，这是生物钟提示时间功能在作用；生物钟的提示事件功能会通过建立起事物、事情间的联系，提醒我们去做某件事；维持状态功能使我们聚精会神或坚持不懈做某件事；禁止功能则可以终止人正在进行的某件事或行为。生物钟充斥在人体活动的每个环节，无论是人身体的生理活动还是生命的外在运动过程都离不开它的作用。

↑　处于人体生物三节律的低潮期时，人的情绪波动比较大，工作效率比较低。

　　如果按生物钟规律调整生活状态，对增进人们的身心健康非常有益。人体随时间节律有时、日、周、月、年等不同的周期性节律，例如人体的体温在24小时内并不完全一样。人体正常的生理节律发生改变，往往是疾病的先兆或危险信号，矫正节律可以防治某些疾病。

→　按照个人的生物钟来安排自己的作息制度，能有效提高工作效率和学习成绩、减轻疲劳、预防疾病和防止意外事故的发生。

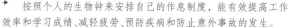

# 小 脑

在大脑的后下方，有一个凸起的结构，叫做小脑。小脑就像一个大的调节器，它通过与大脑、脑干和脊髓之间有序的传入和传出联系，在感觉感知、协调性和运动控制中扮演重要角色。科学家们通过实验发现，小脑是人体保持身体平衡和维持运动的中枢，小脑损伤的常见表现为协调性降低，平衡和姿态控制的丧失以及运动学习能力的丧失。如果小脑受到伤害，人的运动就会变得不准确、不协调，不仅不能完成精细动作，连走路也会东倒西歪，肌肉会处于僵直紧张状态，甚至闭眼直立时都会站立不稳。

小脑与大脑一样，也由两个半球组成，它的最外层分布着灰质，称为小脑皮层。小脑的表面分布着许多近似平行的沟和回，小脑通过神经纤维与脊髓、脑干和大脑相连。大脑向肌肉发放的运动命令，以及执行运动时从脊髓传来的消息都会传入小脑。小脑在对这两种信息进行比较后，指挥有关肌肉作相应的调整，使身体保持平衡。

从机能上看，小脑可分为前庭小脑、脊髓小脑、大脑小脑三部分。前庭小脑由绒球小结叶构成，主要功能是维持身体平衡；脊髓小脑由小脑前叶（包括单小叶）和后叶的中间带区（旁中央小叶）构成，主要负责控制肌肉的张力和协调性；而大脑小脑则主要控制精细运动的准

小脑

18世纪的科学研究表明，小脑受损的病人常表现出运动协调性障碍；19世纪的小脑研究则主要通过动物损伤实验来获得理论上的认识。这类实验发现，动物的小脑受损以后，表现出动作异常、步态笨拙以及肌肉无力等问题。这些观察最终使学者得出结论：小脑的主要功能是运动控制。不过，现代生物医学研究表明，小脑除了具有许多运动功能，它在认知功能、注意力和语言处理、音乐处理以及时间控制等方面也有重要作用。

确性。

小脑对于躯体平衡的调节，是由绒球小结叶，即前庭小脑进行的。躯体的平衡调节是一个反射性过程，绒球小结叶是这一反射活动的中枢装置。躯体平衡变化的信息由前庭器官感知后，经前庭神经和前庭核传入小脑的绒球小结叶，小脑据此发出对躯体平衡的调节冲动。经前庭脊髓束到达脊髓前角运动神经元，再经脊神经到达肌肉，从而协调有关颌颈肌群的运动和张力，进而使躯体保持平衡。

↑ 当人站立而头向后面仰时，膝与踝关节为配合头向后仰而作出辅助性屈曲运动，以对抗由于头后仰所造成的身体重心的转移，使身体保持平衡而不跌倒。这一过程中，就是由小脑发出的调节性冲动，协调了有关肌肉的运动和张力。

小脑随意运动是大脑皮层发动的意向性运动，而对随意运动的协调性控制则是由小脑的半球部分，即大脑小脑完成的。大脑小脑的损伤，将使受害者的肌紧张减退，使随意运动的协调性发生紊乱。患者会因此丧失使一个动作停止并立即向相反方向转换的动作能力，运动时会出现动作分解不连续等症状，不能完成如快速翻转手掌这类简单、快速的轮替运动。当完成一个方向的运动并需要转换运动的方向时，患者必须先停下来思考下一步的动作，才能再重新开始新的运动。

斯坦福大学一心理学家研究表明，记忆有不同的记忆"仓库"。储存记忆的"仓库"在脑子的什么部位呢？这项研究表明，位于大脑侧脑室的"海马"和"扁桃"起着重要的作用，小脑里被称为"下橄榄核"的部位有着加强记忆的作用。过去人们都认为只有大脑才能进行记忆这种高级的活动，而小脑只能干低级的工作，然而这项研究证明了小脑对记忆也起着重要的作用。

↑ 研究发现，小脑会影响运动的起始、协调性，包括确定运动的力量、方向和范围。

# 脊 髓

脊髓是一类细细的管束状的神经结构，位于脊柱的椎管内且受到脊椎保护，同时，它也是源自脑的中枢神经系统的延伸部分。中枢神经系统的细胞依靠复杂的联系来处理传递信息，而脊髓的主要功能就是传送脑与外周之间的神经信息。脊髓位于脊椎骨组成的椎管内，呈圆柱形，成人脊柱全长 42~45 厘米。作为周围神经与脑之间传递信息的通道，人体躯体或内脏的信息由神经传到脊髓后，脊髓就会把这些信息报告给大脑。随后，大脑便会发出信号，传达到我们身体的其他部位。

脊椎的形状像蜈蚣一样，这条蜈蚣的身体两边伸出去好多脚，这就是从脊髓延伸出来的神经。这些神经有 31 对，它们依次为 8 对颈神经、12 对胸神经、5 对腰神经、5 对骶神经、1 对尾神经。这些神经通过椎间孔后逐步分支，然后通向全身各处，主要支配颈以下的身体和四肢的感觉及运动。

脊髓不但具有反射功能，还有传导功能。比如，当尿液在膀胱内积存到一定的量时，就会刺激膀胱壁上的感受器，使感受器产生神经冲动；神经冲动经过传入神经传到脊髓的排尿中枢；同时，神经冲动经过神经纤维向上传到大脑，使人产生尿意。大脑要想对四肢和周围器官发出命令，必须得通过脊髓这个"中转站"，让神经传下去。比如，打篮球、跑步、吃饭等都是由大脑下达命令，然后通过脊髓传达给肌肉去执行的。但是，在一些情况下，脊髓也可以自己

脊髓和脊神经根

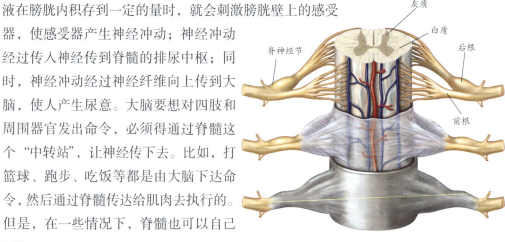

灰质

白质

后根

脊神经节

前根

## ● 小贴士 ▶▶▶

男性的脊椎约长 45 厘米，而女性脊椎约长 42 厘米。脊椎会在颈及腰部扩展，在脊椎的外围是神经的白质道，当中有感觉及运动神经元。而中间部分是四叶苜蓿草形，且包围着中央管，当中包含着神经细胞体。脊椎被三层脑膜覆盖着，最外的一层是硬脑膜，中间的一层是蛛网膜，而最内一层称为软膜。它们是接续着脑干及大脑半球的三层脑膜，膜中包含着脑脊髓液，而脑脊髓液能透过吸收振荡以保护脊髓。

处理紧急问题。比如当我们的手指不小心碰到了仙人掌的刺，脊髓就会第一个感受到，它会立即命令手指缩回来。在炎热的夏天，脊髓会自动命令多出汗，以便散热。

虽然脊髓被脊柱严密保护着，但它也会受到伤害。比如，当它受到严重的外伤，脊髓的"桥梁"作用就可能完全消失，即外界的刺激无法上传，大脑的命令不能下达，肢体无法活动，甚至小便都无法控制，这就是医学上所说的截瘫。

脊髓和脑一样，也有灰质和白质。灰质在里面，白质在外面。当灰质受到细菌或病毒的侵犯，人就会生病，这就是脊髓灰质炎，这种病也就是人们通常所说的小儿麻痹症。脊髓灰质炎是一种急性传染病，由脊髓灰质炎病毒侵入血液循环系统引起，部分病毒可侵入神经系统。小儿麻痹症患者多为 1~6 岁儿童，主要症状是发热，全身不适，严重时肢体疼痛，发生瘫痪。脊髓灰质炎病人由于脊髓前角运动神经元受损，与之有关的肌肉失去了神经的调节作用而发生萎缩，同时皮下脂肪、肌腱及骨骼也发生萎缩，从而使整个机体变细。此病十分古老，在古埃及法老陵墓的壁画中，就有这样的病人。虽然该病患者大多为儿童，不过成人也会得这种病。

☝ 脊髓灰质炎病也叫小儿麻痹症，它能引起下肢的萎缩，如今，这种疾病已经能够预防了。

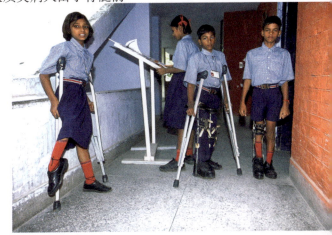

# 神经反射

反射是一类最基本的神经活动，通常我们将神经反射分为两种，即非条件反射和条件反射。条件反射是指原来不能引起某一反应的刺激，通过一个学习过程，把这个刺激与另一个能引起反应的刺激同时给予，使这二者彼此建立起联系，从而在条件刺激和无条件反应之间建立起某些联系。非条件反射是一出生就有的、非常简单的先天性反射，比如饿肚子时闻到饭菜的香味就馋得流口水，手被烫着或刺着会立即缩回以及膝跳反射、眨眼反射、排尿反射等。就这类反射来说，只要出现刺激，正常的人体都会作出相应的反应，通常这种反射由大脑皮层下的较低级中枢就可完成。

无论条件反射还是非条件反射，从主观上都可以看做是一种因果作用关系，这也就是说要引起这二者的发生，必须得有一个触发条件，而这个触发条件最终会导致某一结果的产生，并且二者对外界的刺激都具备输入、传递、输出这一处理过程即反射过程。不过，这二者依然存在着不同之处。

从成因上看，非条件反射发生的基础是根据遗传信息形成的神经网络结构，而条件反射则是生命体在先前的网络基础上，依据外界环境继续发展完善的神经网络结构，后天形成的一种神经活动能力。从这点上看，条件反射是在继承和发展非条件反射的基础上形成的。其神经联系是依后天的特定条件而建立，经过

知识拓展

本能是人类与生俱来就会的行为，事实上，它从某种程度上也可看做是我们的一类反射行为。其实，客观来说，本能是我们人类在进化过程中形成的一种维持生存的能力，比如人类会不由自主地躲避飘过来的树叶，尽管这片树叶对自己并没有危险。

当你要吃美味的蛋糕或者听到它的名字的时候，口水就不受意识控制地出现了。这是我们身体里的中枢神经对食物刺激的反应，甚至只要听到食物的名字就会指挥口腔分泌口水。

后天的经验形成的，比如鹦鹉学舌、猴子走钢丝等。人的条件反射行为与动物不同，它可以通过语言、文字等信息手段的刺激而形成，所以人类的学习、掌握知识也是这样一种条件反射，不过这可比动物的演出要高得多，复杂得多。

神经系统之所以能够指挥肌体做出各种动作，靠的就是神经的反射活动。反射是肌肉在中枢神经系统指挥下，对内外刺激作出的规律性反应。反射的物质基础包括感受器、传入神经、中枢神经、传出神经和效应器，缺了其中任何一个，都无法完成反射活动，人也就变得"麻木不仁"了。

我们通常将参与反射活动的神经结构叫做反射弧。一个完整的反射弧由接受刺激的感受器、传入神经、神经中枢、传出神经、发生反应的效应器 5 个基本部分组成。例如，当我们听到敲门声，大脑（中枢神经）通过传入神经收到耳朵（感受器）传来的信息，并下达命令去开门，传出神经就会把命令送到肌肉处（效应器），肌肉就会带动身体和手脚把门打开。

条件反射根据引起反射行为发生的信号的类型分为两种不同情况。第一种由各种视觉的、听觉的、触觉的、嗅觉的、味觉的具体信号引起，叫做第一信号系统的反射，这是人和动物共有的；第二种则是人类通过自身独有的语言中枢，对抽象的语言文字形成的条件反射。

▲ 当你把自己的腿轻松地放在另一条腿上，如果这时有人敲击你的膝盖下方，你的小腿就会不由自主地向上动，这是不受你控制的行为。

↴ 巴甫洛夫在研究狗的消化腺分泌时意外发现了条件反射。

● 小贴士 ▶ ▶ ▶

条件反射是 20 世纪初，俄国生理学家伊万·巴甫洛夫最早提出的。在一次研究狗的消化腺分泌的试验中，他意外地发现，除了食物刺激，其他刺激如送食物来的人员或者其脚步声等，也会引起狗的唾液分泌。巴甫洛夫把这种现象称为条件反射。从 1901 年起直到去世，巴甫洛夫一直专心从事条件反射实验研究。1904 年，他因条件反射和信号学说的提出，获得了诺贝尔生理学或医学奖。

# 呼吸系统

在我们的周围有一种东西看不到也摸不着，但却是我们生存所必需的，这就是氧气。人一旦缺氧，几分钟之内就有可能死亡。氧气广泛地存在于我们周围的空气中，那么，人是怎样将氧气摄入体内，来维持人体正常的生命活动的？原来，这项工作全是依靠人体的呼吸系统来完成的。

所谓呼吸，即是指生命机体与外界环境之间的气体交换过程。通过呼吸，机体从大气摄取新陈代谢所需要的氧气，排出产生的二氧化碳。呼吸是维持机体新陈代谢和其他功能活动所必需的基本生理过程之一，人可以几天不吃饭，但绝不可以长时间不呼吸，如果呼吸停止，生命也将随之终止。

人体的呼吸系统可分为两部分：一是呼吸道，负责气体的输送，包括鼻腔、咽喉、气管、支气管；二是肺，负责气体交换。鼻、咽、喉作为上呼吸道，下呼吸道包括气管、支气管和支气管在肺里的分支，整体分布的形状就像一棵倒立的树。呼吸道是呼吸气体进出肺的唯一通道，它由鼻腔、咽喉、气管、支气管组成。呼吸道由骨或软骨作支架，它的主要作用是保证气体顺畅通过，对吸入气体进行处理。鼻腔是呼吸系统的门户，鼻腔的前部有忠诚的"卫士"——鼻毛。它可阻挡、过滤吸入气体里的灰尘、异物。鼻腔的内表面有一层黏膜可分泌黏液，黏膜内有丰

**知识拓展**

人体时刻进行着生命赖以存在的新陈代谢活动，这些活动需要利用大量的氧气，把淀粉、脂肪、蛋白质等营养物质，经过一系列化学反应方能转化为可供人体直接吸收的东西。也是在这些活动中，人体会产生二氧化碳、水和其他代谢产物。

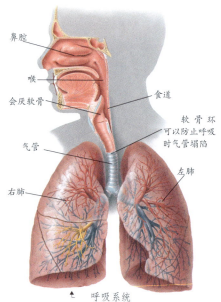

鼻腔
喉
会厌软骨
食道
软骨环可以防止呼吸时气管塌陷
气管
左肺
右肺

▲ 呼吸系统

富的毛细血管。所以鼻腔不只是空气的通道，还是空气的"加工厂"，具有类似"空调机"的作用，可以加温、湿润、清洁空气。人体呼吸道管腔的内壁构造很特别，除了附有黏膜，管壁表面还覆盖着纤毛上皮。

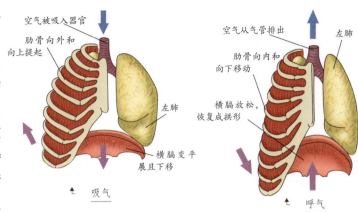

空气被吸入器官
肋骨向外和向上提起
左肺
横膈变平展且下移
↑ 吸气

空气从气管排出
左肺
肋骨向内和向下移动
横膈放松，恢复成拱形
↑ 呼气

当空气中的灰尘颗粒遇到黏膜分泌的黏液，就会被黏附吸入，而纤毛则担当着"清道夫"的重任，通过朝向咽部的不断摆动，将黏液与灰尘排出。于是，在它们的相互配合下，进入呼吸系统的气体就被净化了。

我们的气管状如树干，分成左右两个支气管，分别进入两边的肺。支气管在肺里继续分叉，最细小的支气管和肺泡相连，而肺泡就像树上的叶子。在构成呼吸系统这若干个器官中，其中起"管道"作用的是气管和支气管。

支气管是气管下端从气管权分成的"分支管道"。气管的上端与喉相连，下端至胸部气管权后分为左、右支气管，左、右支气管斜向下进入肺门。左支气管很善于保护自己，长得又细又长，而且比较倾斜；右支气管又短又粗，比较直。气管和支气管都很容易被病菌感染，所以我们在日常生活中应对其格外注意和保护。

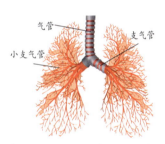

气管
支气管
小支气管
↑ 支气管组成的树状空气通道

● **小贴士** ▶▶▶

有的人在睡觉时会发出很大的声音，这就是打鼾，俗称打呼噜。打鼾是因为空气从肺内出来，经过呼吸道时，冲向松弛的软腭，引起软腭的振动而产生的。儿童和老人的软腭通常软而松弛，所以容易发出鼾声。研究发现，鼾声的产生可能是由于打鼾者的气道通常比正常人狭窄，当夜间睡眠时神经兴奋性下降，肌肉松弛，会使咽部组织堵塞，使上气道塌陷，气流在通过狭窄部位时，产生涡流并引起振动，从而出现鼾声，鼾声严重者可能是疾病的征兆。

# 肺

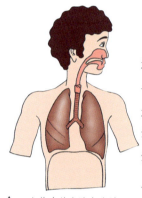

人体的肺分为左右两部分，各自包着胸膜，互不相通，左肺两叶，右肺三叶。肺泡是半球形的极薄的膜，气体很容易通过，成人体内约有几亿个肺泡。肺泡时刻在进行气体交换的工作，血液将携带的二氧化碳在肺泡中交换成氧，带回心脏，继而又向全身各个组织的细胞送出；血液再回到肺

▲ 人体内的左肺和右肺

部时，携带的是二氧化碳，肺部再将二氧化碳呼出体外。

在人体的新陈代谢过程中，需要经常不断地从环境中摄取氧气，并排出二氧化碳。肺是呼吸系统的重要组成部分，也被看做是人体内结构巧妙的换气站。它位于胸腔两侧，上通喉咙，在人体脏腑中位置最高。作为我们身体里气体交换的唯一场所，肺是非常重要的器官。

从外表看来，肺叶像两大片海绵，分居两侧，右侧的肺分为上叶、中叶和下叶三个袋，左侧的肺分为上叶、下叶两个袋，左侧略小于右侧。左右肺各被两层具有弹性的袋子包围，叫胸膜。胸膜像两层的气球，中间没有空隙。一旦罹患某种疾病，水、血液、空气就积存于其中，引发肺部不适。当肺中充满空气时，会变得轻松而膨胀，而一旦有某种疾病，就会呼吸受阻。在我们的肺里密布着由支气管组成的像是一棵枝干繁茂的树状的通

➤ 肺泡的大小形状不一，平均直径大约 0.2 毫米。成人约有 3 亿～4 亿个肺泡，总面积近 100 平方米，比人体皮肤的表面积还要大好几倍。

知识拓展

肺内气体的容量随呼吸的深浅而不同，正常人整个肺脏中的通气是不均匀的。肺泡的总面积约为 100 平方米，平静呼吸时仅约 1/20 的肺泡面积就能起到通气或换气作用，其余的肺泡都是陷闭的，所以肺的储备量很大。

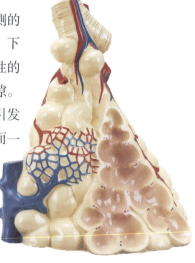

## ● 小贴士 ▶ ▶ ▶

卡介苗是一种用来预防儿童结核病的预防接种疫苗。由于这一疫苗是由两位法国学者卡迈特与介岚发明的,为了纪念发明者,这一预防结核病的疫苗被定名为"卡介苗"。目前,世界上大多数国家都已将卡介苗列为计划免疫必须接种的疫苗之一。卡介苗接种的主要对象是新生婴幼儿,接种后可在一定程度上预防发生儿童结核病,也可以避免一些脑膜炎发生。

道。支气管树是空心的,气管在上,支气管及分支在下,其管腔为气流的通道。首先,气管分成两条支气管,进入左右肺,之后每条支气管继续分支,形成成千上万条细微的小支气管,最小的甚至比头发丝还要细。

人体的肺部拥有两套血管系统,一套是循环于心和肺之间的肺动脉和肺静脉,属肺的机能性血管。肺动脉从右心室发出,随支气管入肺,并和支气管一样反复分支,最后形成毛细血管网包绕在肺泡周围,之后逐渐地汇集成肺静脉,流回左心房。另一套血管系统是营养性血管,这套血管中的动、静脉,发自胸主动脉,攀附于支气管壁,随支气管分支而分布,主要是为肺内支气管的壁、肺血管壁和脏胸膜提供营养。

↑ 医学界已将肺活量作为检测人体衰老的首选项目。成年男子的肺活量3 500~4 000毫升,成年女子2 500~3 000毫升。

通常肺有足够的通气量是呼吸进行的保证,而肺活量则是肺的通气容量指标,肺活量的测试要借助于肺量计来完成。健康查体时,经常要测定肺活量。测试时,让受检者先做最大深吸气后,再做最大的深呼气,深吸气后1次所能呼出的最大气量即为肺活量。一个人肺活量的大小和年龄、性别、身材、健康状况等因素有关,成年人的肺活量一般是2 500~4 000毫升。

由于人体的肺不耐寒热,非常容易受到损伤,所以我国传统中医学上也称其为"娇脏"。我们经常在一些文学、文艺作品中看到描述肺病患者的情形,在肺部疾病中,最让人熟悉的莫过于以前被称为"白色瘟疫"的肺结核。肺结核俗称"痨病",是肺部最常见的疾病。

↑ 结核病使人丧失劳动力。

# 声音的形成

声音是由物体振动产生，正在发声的物体叫声源。声音以声波的形式传播，它是声波通过固体、液体或气体传播形成的运动。声波振动内耳的听小骨，这些振动被转化为微小的电子脑波，它就是我们觉察到的声音。人体内耳的构造原理与麦克风捕获声波或扬声器的发音一样，利用的是移动的机械部分与气压波之间的关系。当声波音调低、移动缓慢并足够大时，我们的身体甚至可以"感觉"到气压波振动身体，这是我们的身体综合起来觉察到的声音。

嗓子被称为"人体的乐器"，我们常用"天籁之音"来形容某个人的歌声。由于我们每个人的生理结构不尽相同，所以我们的声音也各有不同，有的人嗓音低沉，有的人声音嘹亮，有的人嗓音尖细，有的人嗓音沙哑，那么，嗓子到底有怎样的发声原理呢？

其实，嗓子的发声原理和乐器基本相同。人体喉头里面的声节是发声的基础，它好比乐器的弓拉弦发出的基音，而我们的声带只能发出非常微弱的基音。我们称声带发出

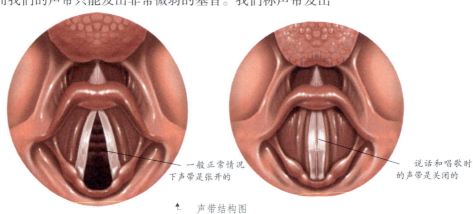

一般正常情况下声带是张开的

说话和唱歌时的声带是关闭的

▲ 声带结构图

## ● 小贴士 ▶▶▶

人们常说的声音浮在气上，指的是说话时声带吸合是被动的，这种说话方式不易疲劳。比如婴儿刚出生时的啼哭，我们不自觉的大笑时就是这样的发音方法。接受过声音训练的人都知道，发音的时候下巴不许紧张，上嘴唇微微上翘成微笑状，人体前面呈放松状态，说话的时候用力点放在颈后部，这些都有利于舌骨的后退，从而便于与后咽部调节形成发音管，与喉腔连通，从而使喉部到口腔呈喇叭状，这样发出的声音结实而有金属音色。

的声音为基音，这也意味着声带是声音形成的根本。

人体发声时，声带在气息的冲撞下产生振动，这种振动再经过喉、咽、口、鼻腔的共鸣发出，于是就形成了声音。人在发音的时候，从方法上讲，大体有两种，自然发音以及科学的发音方法。

自然发音就是大多数人说话时使用的发声方法，其特点是先拉紧声带，然后用气来冲击。这种发音法往往由声带起主动和主要作用，用气量大，因此人比较累，而且声音也不容易大。用这样方式发音的，在发音时下巴是紧张的，下巴紧张必然导致舌骨前移，并致咽腔无法与后咽壁收缩调节成咽部的发音管。这种发音很难得到咽腔的共鸣，因此缺少金属音色，不过由于这种声音比较柔软，并且因为平常的人讲话都是用这种方法，故亲和力比较强。

科学的发音方法是发音时下巴尽量放松，说话的用力点放在颈后部，这样发出的声音结实而有金属音色。通常，训练有素的人的咽部调节能力是很强的，在发非常高的音时不是用张紧声带的方法，而是将声带变短声带边缘变薄来发音，这就是带有咽音成分的声音。由于这样的发音音量大而不需要声带产生很强的振动，故声带不易疲劳，声音华丽而响亮。

↓ 人的发声机理主要由人体中的以下器官来共同协作完成：呼吸器官，它是发声的动力器官，包括肺、胸廓和横膈膜、呼吸肌肉、支气管和气管组成；振动器官，它是声源器官，由喉咙及其肌肉、软骨和声带组成；共鸣器官，它是发声的声腔器官，包括喉腔、咽腔、鼻腔、口腔等；咬字器官，这是我们的语言器官，起着咬字吐字的作用，包括唇、齿、舌和腭等。

# 循环系统

人体的循环系统是一个由心血管系统和淋巴系统构成的整体运行体系，如果把循环系统比作大江，那么，心血管系统就是它的红色主干；淋巴系统则是它的白色支流。在心血管系统中，心脏是血液循环的动力中心，血压是推动血液运行的推进器。如果说血管是繁忙的运输线，那红细胞就是大江上满载的点点帆船。正是这个复杂的循环系统的正常运转，我们才有了活力充沛的身体。

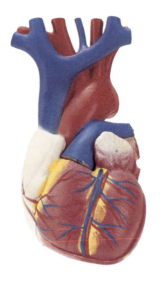

◀ 心脏是人体的"发动机"，也是人体的供血器官。

循环系统是血液在体内流动的通道，分为心血管系统和淋巴系统两个部分。淋巴系统是静脉系统的辅助装置，而一般所说的循环系统指的是心血管系统。心血管系统由心脏、血管、血液组成，负责将人体所需的物质带到全身细胞内并将废弃物排至细胞外。它是一个封闭式的，由体循环和肺循环两条途径构成的双循环系统，主要功能是完成体内的物质运输。人体中脑、心、肾等是对缺血缺氧最敏感而耐受力又低的重要器官。尤其是大脑，缺血 3~10 秒会意识丧失，缺血 5~10 分钟就会出现不可逆性损害或死亡。由于老年人体质较弱，心血管疾病多发，所以平时我们应对这些特殊人群多加注意。

人体中的血液主要由血浆和血细胞组成，血浆含有丰富的血浆蛋白，血细胞包括红细胞、白细胞和血小板，这

## 知识拓展

红细胞在肺里卸下二氧化碳，装上氧气，再把氧气和营养物质运送到毛细血管，供给细胞，同时装走细胞排出的二氧化碳等垃圾，运到肺里，从那里排出体外。

都是我们生命中极其重要的物质。血液要通过我们身体中的"运输线"——血管运抵身体各个部位，它由左心室出发，经动脉、毛细血管，再由静脉返回右心房，循环往复，周而复始，维系着生命的活力。动脉系、静脉系，再加上连接于动脉、静脉之间的网状毛细血管，这三者共同组成了人体的血管网络。如果我们将人体全身的血管、毛细血管加起来，足有 10 多万千米。尽管人体内循环系统的运输线很长，但作为血管航线上的小"帆船"——人体红细胞，却能在这条繁忙的航线上以惊人的速度快速往返。当然，这全依赖于强大的人体动力中心——心脏的支撑。

淋巴是人体中的一支独立循环系统，也是血液循环系统的辅助系统，包括淋巴管和淋巴结。淋巴管和血管一样，分布在全身各个部位，与静脉的构造相似，它被称为循环系统的"白色支流"。淋巴系统里流动着白色透明的淋巴液，它经过毛细淋巴管、淋巴导管，最后回到静脉中去。白色支流有一道"水闸"，就是淋巴结，它可以阻挡并清除病菌，产生抗体。所以，淋巴系统是人体重要的防卫体系。淋巴液里的淋巴细胞能产生和保存抗体，属于白细胞的一种，具有阻止细菌侵入和免疫的重要作用。艾滋病是一种专门攻击淋巴细胞的病毒，而淋巴细胞又是人体产生抗体的主要细胞，所以被艾滋病毒攻击以后，它就很难帮助人体产生免疫力，疾病因此就会肆虐人体。

↟　人类血液循环系统图
（红色为动脉，蓝色为静脉）

# 心 脏

我们身体的血液无时无刻不在运动，与外界进行气体和能量的交换。那么，它到底是怎样运行的呢？原来血液循环是通过一个"泵"启动的，这个"泵"就是我们的心脏。心脏位于胸腔内中部偏左，外形像桃子，大小如拳头，重约350克。它日夜不停地、有节律地搏动着，把血液输送到全身各处，用以维持人体生理机能的平衡。

心脏是人体生存的关键器官。每时每刻，我们都离不开心脏的工作。一旦心脏发生病变，停止工作，血液就会停止流动，细胞的新陈代谢得不到维持，这就意味着生命即将结束。

心脏通常情况下都会保持着有节奏的跳动，但当我们遇到突发事件心情激动、紧张时，心跳就会加快。心脏内部被隔成左右不相通的两部分：左心和右心。这两部分又被瓣膜分别隔成上下两部分，这样，心脏就有了四个腔：上面两个腔分别叫左右心房，下面两个腔分别叫左右心室。血液就是在这里循环的，心脏的收缩将血液从脉管吸入心房，而心室又把血液排出，也就是把血液推到别的脉管中去。

瓣膜是人体器官里面可

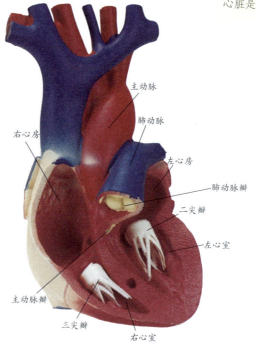

主动脉
肺动脉
右心房
左心房
肺动脉瓣
二尖瓣
左心室
主动脉瓣
三尖瓣
右心室

▲ 心脏的结构图

以开闭的膜状结构，每个人的心脏内都有四个瓣膜，这些瓣膜只能向一个方向开，因而血液只能从心房流向心室，从心室流向动脉，而不能倒流。在心房与心室之间，心室与离开心室的血管之间，都有如抽水机活塞一样的瓣膜。血液流过后，瓣膜就会关闭，并发出声音。它像门卫一样，阻止血液回流进刚刚离开的心室。

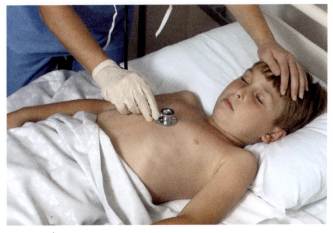

↑ 医生通过听诊器来检测患者的心脏，然后做出正确的诊断。

人们的心脏一收缩一舒张，按一定规律有节奏地跳动着，就在这期间，心脏内的血液被注入动脉中。正常成年人在平静状态下，心脏每分钟跳动 75 次。心脏每跳动 1 次大约射出 70 毫升血液到大动脉。按此计算，成年人每昼夜心脏就要跳动 10 万多次，射出血液 7 600 多升。如果强体力劳动或情绪激动时，心跳可加快到每分钟 180~200 次。

人类对心脏的研究是与血液循环联系在一起的。目前世界各国对心脏生理、病理和药理学等方面都展开了广泛的研究。例如为外周动脉堵塞患者利用干细胞再造血管，为心瓣膜发生病变的病人提供人造瓣膜。还有很多国家为治疗心律失常而投入到心脏起搏与心脏电生理方面的研究之中。

● 小贴士 ▶▶▶

心脏有很多有趣的现象，比如心脏会一边工作一边休息，在心脏的每一次跳动中，收缩是工作，而舒张就是在休息。研究发现，心脏每搏动一次约需 0.8 秒。正在发育中的儿童新陈代谢旺盛，而心脏发育又不够完善，收缩力较弱，跳动 1 次射出的血液就少些，所以要靠加快心跳次数才能适应身体代谢的需要，这也是青少年需要加强身体锻炼的原因之一。训练有素的运动员，因为心脏收缩更有力，所以心跳较慢。

# 血 液

血液是流动在心脏和血管内的不透明红色液体，由血浆、血细胞组成，闻之有腥气，颜色为暗赤或鲜红色。血液中含有各种物质和营养成分，如无机盐、氧、抗体、激素、酶和细胞代谢产物等，有营养组织、调节器官活动和防御有害物质的作用。血液像河流里的水一样，在心脏的动力作用下，一刻不停地进行着循环，运输氧气、二氧化碳、营养素和废物等。

血液是人体内的营养物质"运输员"。血液在心血管系统中周而复始地循环流动，将氧气和各种营养输送给每一个细胞，同时，将细胞产生的二氧化碳等废物，运输到一定部位，并清除到体外。这一运输功能能保持细胞生活的流体环境相对恒定，从而保证了细胞的正常生命活动，所以医生常常把验血结果作为诊断疾病的重要参考。血液也是"警卫员"，对人体具有防御和保护作用，如某些血液中的白细胞能吞噬入侵的病菌；当人体受伤出血时，血小板可以堵住伤口。此外，血液还有调节体温的作用。

以人为例，成人大约有 5 升血液。以体积计，血细胞约占血液的 45%。血浆里边含量最多的是水，此外，还含有少量很重要的物质，如蛋白质、葡萄糖、无机盐，以及微量的维生素、激素与酶等。血浆能运载血细胞，输送养料和废物，使人体内细胞所生活的液体环境保持相对稳定，以利于细胞进行正常的生理活动。血细胞又称"血球"，是存在于血液中的细胞，能随血液的流动遍及全身。血细胞主要包含红细胞、白细胞和血小板三个部分，其中红细胞主要的功能是运送氧，它里面含有一种红色含铁的蛋白质，叫血红蛋白，使血液成为红色；白细胞主要扮演免疫的角

当人体受伤出血时，由于血小板的止血、凝血作用，出血能很快被抑制住。

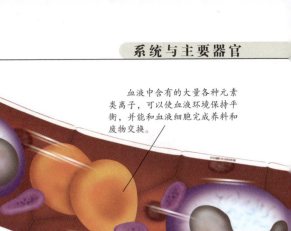

血液中含有的大量各种元素类离子，可以使血液环境保持平衡，并能和血液细胞完成养料和废物交换。

色，吞噬和
消灭入侵人体的病
菌，其数量比红细胞少，但种类
很多，如粒细胞、淋巴细胞和单核细胞等；
血小板有促进止血和加速凝血的功能，它实际上是骨髓
中巨核细胞脱落下来的小碎片。在正常的生理情况下，血
细胞有一定的形态结构，并有相对稳定的数量。

　　血液中的血细胞能够不断地进行新陈代谢。红细胞的
寿命平均为 120 天，白细胞有的可以活几年，有的只能活
几个小时，血小板的寿命平均为 10 天左右。造血器官不断
地工作，产生新的血细胞，来补充衰老死亡的血细胞，从
而使人体血液中各种血细胞数量维持相对恒定。

　　可能在日常生活中，你也有过这样的发现，原来人体
血液的颜色是有差别的。血液中的红色来自于红细胞内的血
红蛋白，血红蛋白中的氧气
比较多时便是鲜红色，这里
说的是动脉血；所含氧气较
少时便是暗红色，也就是静
脉血。通常献血抽的就是静
脉血，所以从外观看上去呈
暗红色。

◀ 红细胞体积很小，呈红色，没有细胞核，多在骨髓里形成。

● 小贴士 ▶ ▶ ▶

　　铁在十二指肠及空肠上段被吸收进入血液，是血红蛋白中的主要成分。血红蛋白
携带氧气和二氧化碳的功能是通过血红蛋白中的铁的结合作用来完成的。人体内铁的
平均量为 3~4.5 克。但铁非常容易流失，如果铁量不够，人就会出现缺铁性贫血。因此，
应多吃含铁较多的食品，比如海带、黑木耳、菠菜以及动物的肝脏、血、肉、蛋黄等，豆类、
稻米中也含有较多的铁。

# 血型

血型是由血液红细胞中不同抗原物质决定的人类血液的类型，我们最常听说的，也是最基本的血型有四种：A 型、B 型、AB 型和 O 型。一般来说，一种血型的血液不能和其他类型的血液混合，所以输血前医生总要检查病人的血型。认识到人与人之间血型的不同，不仅对于医学和生命学有重大意义，而且在心理学上也发挥了一定的作用。

血型是人们依据血液红细胞表面是否存在某些可遗传的抗原物质而对血液进行的一种分类，所以，通常也指红细胞的分型。所谓的抗原物质多是一些蛋白质、糖类、糖蛋白或者糖脂，如果一些抗原来自同一基因的等位基因或密切连锁的几个基因的编码产物，那么这些抗原就可以组成一个血型系统。

**知识拓展**

研究发现，狗、鸡和许多动物都有血型系统。生长在美国缅因海湾的角鲨有 4 种血型，而大马哈鱼则至少有 8 种抗原类型或类型的组合。这些不同类型的出现通常随不同地区的种群而出现不同。

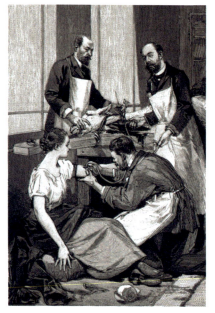

1900 年，奥地利维也纳大学病理研究所的卡尔·兰德施泰纳发现，健康人的血清对不同人类个体的红细胞有凝聚作用。如果把取自不同人的血清和红细胞成对混合，可以分为 A、B、C（后改称 O）三个组。后来，他的学生又发现了第四组，即 AB 组。血型奥秘的发现，使人类依靠输血挽救生命的技术步入科学轨道，避免了因输错血而导致人死亡的悲剧。1930 年，兰德施泰纳因这一发现获得了诺贝尔生理学或医学奖。

◄ 在血型未发现以前，外科医生曾用羊血输入人的血管来治病，虽然有人活下来了，但也有不少病人死去了，成功率不到百分之十。这是因为不同血型的血液相混合，可促使红细胞凝结，结果严重时会出现致命的事故。

## ● 小贴士 ▶▶▶

一般情况下,如果父母双方均为 O 型血,子女必然是 O 型;如果父母有一方是 AB 型血,子女不可能是 O 型;A 型和 O 型血的父母不可能生育 B 型和 AB 型血的子女,B 型和 O 型血的父母也不可能生育 A 型或 AB 型血的子女。

自从兰德施泰纳揭开血型之谜以后,人们开始了这一领域的深入研究,之后,新的血型系统不断被发现,新血型的认定与命名主要由 1935 年成立的国际输血协会专门负责。现在的医学研究发现,已经得到承认的 30 种人类的血型系统就包括了 600 多种抗原,但这其中的大部分都非常罕见。

血型在人类学、遗传学、法医学、临床医学等学科都有广泛的实用价值,因此具有重要的理论和实践意义。在医学实践中,人们根据已知的各种血型的特性,可尽量避免不同血型的血液混用以及输错血等医疗事故的发生,所以血型分类对临床上的血液使用具有重要的指导作用。

▲ 兰德施泰纳发现了血型并认识到同样血型的人之间输血不会导致血细胞被摧毁,但不同血型之间输血会导致凝结。这一发现对输血和外科手术非常重要。

血型一般常分 A、B、AB 和 O 四种,另外还有 RH、MNS、P 等极为稀少的 10 余种血型系统。其中,AB 型可以接受任何血型的血液输入,因此被称做万能受血者,O 型可以输出给任何血型的人体内,因此被称做万能输血者、异能血者。以不相容的血型输血可能导致溶血反应的发生,造成溶血性贫血、肾衰竭、休克甚至死亡,新生儿溶血症便和血型密切相关。

血型与性格之间并没有必然联系,只能作为一种参考。血型在人的一生中是固定的,一个人的性格却可能发生很多变化。

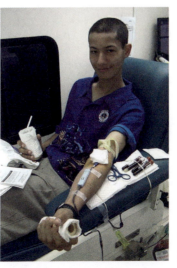

▲ 在今天,医疗中心所需的血液大都来自健康人的捐献。

# 血压和血管

血压指血管内的血液对于单位面积血管壁的侧压力，即压强。由于血管有动脉、毛细血管和静脉之分，所以也就有动脉血压、毛细血管压和静脉血压的区别。我们通常所说的血压，指的只是动脉血压。一般情况下当血管扩张时，血压下降；血管收缩时，血压升高。

如果把心脏比作打气筒，而血管就像是车胎，心脏每跳动一次所输送出的血液，就对血管壁产生一定的压力，这个压力就是血压。血压之所以会产生，是因为心脏收缩时会释放能量。平时我们所说的"血压"，实际上是指上臂肱动脉，即胳肢窝血管的血压，从这里得出的血压数据是对动脉血压的间接测定结果。心脏一张一缩，使血液在循环器官内循环往复。当心脏收缩时，血液从心室流入动脉，此时血液对动脉的压力最高，称为"收缩压"；左心室舒张时，动脉血管弹性回缩，血液仍慢慢继续向前流动，但血压下降，此时的压力称为"舒张压"。

血压的单位用毫米汞柱或者千帕表示，健康成人的血压正常值一般是收缩压90～110毫米汞柱，舒张压60～90毫米汞柱。医生一般在测量之后，就用一分子式形式记录下来。例如，

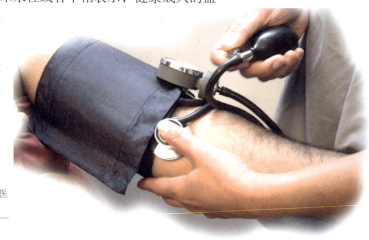

➤ 通过量血压可以帮助医生对病因做出诊断。

## ● 小贴士 ▶▶▶

人体动脉血压测定要用间接测定法,其主要装置包括能充气的袖袋和与之相连的测压计,测定时将袖袋绑在受试者的上臂,然后打气到阻断肱动脉血流为止,再缓缓放出袖袋内的空气。此时利用放在肱动脉上的听诊器,可以听到当袖袋压强小于肱动脉血压,血流冲过被压扁的动脉时产生的湍流所引起的振动声,医生就以此来测定心脏收缩期的最高压力,此时测定的血压叫做收缩压。

120/75 毫米汞柱,就代表某人收缩压 120 毫米汞柱,舒张压是 75 毫米汞柱。

由于血压在人体内变化不定,所以维持正常的血压平衡对人体很重要。如果收缩压持续高于 140 毫米汞柱,或舒张压超过 90 毫米汞柱,则是偏高或高血压;如果收缩压持续低于 90 毫米汞柱,则是低血压。血压过高,会引起许多的疾病。如易出现心力衰竭,血管内壁也易受损伤。但是血压过低,又会造成供血不足,使器官组织缺血,尤其是肾、脑、心等。轻者会引起休克,重者甚至会发生死亡。老年人因为动脉管壁硬化,弹性较差,所以成为高血压的高发人群。

血管是血液流动的管道。血管从心脏开始,由粗到细,由长到短,如同四通八达的交通线,密如蛛网地分布在我们的全身。心脏是推动血液流动的动力器官,而血管则是血液流动的管道,血管在运输血液、分配血液和物质交换等方面有重要的作用。

医学实践表明,血压的高低不仅与心脏功能、血管阻力和血容量密切相关,而且还受到神经、体液等因素的影响。年龄、季节、气候和职业的不同,血压值也会有所不同,运动、吃饭、情绪变化等均会导致血压的升高,而休息、睡眠则会使血压下降。

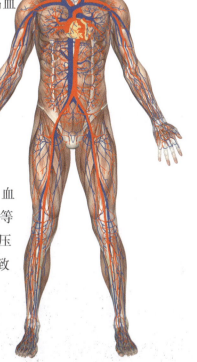

⌐ 人体血管是运送血液的管道,分为动脉和静脉两支。从心脏出来的新鲜血液经过动脉到达毛细血管,静脉是最后将血液运输回心脏的管道。

# 淋巴系统

淋巴系统是一个遍布全身的网状液体系统，它与心血管系统密切相关，是人体重要的防卫系统，由输送淋巴液的淋巴管、产生淋巴细胞和生成抗体的淋巴器官等组成。淋巴系统能制造白细胞和抗体，滤出病原体，对于液体和养分在体内的分配也有重要作用。

淋巴系统里流通的淋巴液，由血浆变成，但比血浆清，水分较多，能从微血管壁渗入组织空间。脾脏是最大的淋巴器官，它能过滤血液，除去衰老的红细胞，平时作为一个血库储备多余的血液。淋巴系统有许多管道和淋巴结，毛细淋巴管遍布全身，收集多余的液体，输入两条总导管：一条是淋巴系统的主干胸导管，与脊柱平行，通向左边近心脏的一条大静脉；另一条是右淋巴导管，通向右边的静脉。

淋巴系统没有一个像心脏那样的泵来压送淋巴液，新的组织液只能流入细胞间的空隙中后挤入淋巴管，另外动脉和肌肉的张缩也会对淋巴液施加向前的压力。而呼吸作用则在胸导管内造成负压，使淋巴液向上流并进而回到血液中去。沿着毛细淋巴管，人体分布着100多个淋巴结或淋巴腺，在身体的颈部、腹股沟和腋窝处更是密集。每个淋巴结里有一连串纤维质的瓣膜，淋巴液就从此流过，滤出微生物和毒素，并加以消灭，以阻止感染蔓延。当病毒侵入人体发生

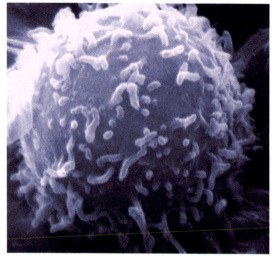

◄ 电子显微镜下的单个人类淋巴细胞的图像

感染时，淋巴结会肿大疼痛。像喉咙发炎时，会在下巴颏下摸到两个肿块，那就是淋巴结。当炎症消失后，淋巴肿块也会自然缩小，恢复常态。

淋巴结是一个拥有数十亿个白血球的"小型战场"。当因感染而需开始作战时，外来的入侵者和免疫细胞都聚集在这里，淋巴结就会肿大，我们甚至都能摸到它。肿胀的淋巴结是一个警示信号，它告诉我们身体正受到感染，而免疫系统正在努力工作着。作为整个军队的排水系统，淋巴结肩负着过滤淋巴液的工作，把病毒、细菌等废物运走。人体内的淋巴液约比占体重的 1%~3%。

↟ 我们体内的白细胞是一种吞噬细胞，当有外来细菌侵入人体后，它与细菌接触的细胞膜内凹会将细菌抱住并吞入细胞内。上图中的红色部分为白细胞，黄色为细菌。

扁桃体是呼吸道的防卫机关之一，可以过滤病菌并产生抗体，保护呼吸道和食道不受病菌侵入，如同其他的淋巴腺体一样，如果有病菌入侵，扁桃体就会增生肿大，并担负起阻止病毒的重担，使这些病毒不会扩散到身体其他地方去。很多的呼吸道感染，都会有扁桃体和咽喉淋巴腺体红肿发炎的现象。有的人因为扁桃体不断地发炎，最后不得不摘除扁桃体，这时候其他淋巴结就代替扁桃体，阻止病毒入侵身体。

## ● 小贴士 ▶ ▶ ▶

当艾滋病病毒侵入人体后，它能把人体免疫系统中最重要的 T4 淋巴组织作为攻击目标，大量破坏 T4 淋巴组织，从而对人体产生高致命性的组织功能内衰竭症状。人体一旦感染这种病毒，将终生携带，它会严重破坏人的免疫平衡机制，使人体成为各种疾病的载体。艾滋病病毒本身并不会引发任何疾病，而是在免疫系统被艾滋病病毒破坏后，人体由于抵抗能力过低，丧失复制免疫细胞的机会，从而感染其他的疾病导致各种复合感染而死亡。目前，还没有发现能免疫艾滋病的抗体。

# 内分泌系统

内分泌系统是机体的重要调节系统，它与神经系统相辅相成，共同调节机体的生长发育和各种代谢，维持内环境的稳定，并影响行为和控制生殖等。内分泌系统由内分泌腺和分布于其他器官的内分泌细胞组成，内分泌腺是人体内一些无输出导管的腺体；而内分泌细胞则是激素的主要分泌腺体。大多数内分泌细胞分泌的激素会通过血液循环，作用于远处的特定细胞，少部分内分泌细胞的分泌物可直接作用于邻近的细胞。内分泌腺的结构特点是：腺细胞排列成索状、团状或围成泡状，不具排送分泌物的导管，有丰富的毛细血管。人体中的许多器官虽然并非内分泌腺体，但其自身含有内分泌功能的组织或细胞，例如脑、肝、肾脏等。

同一种激素可以在不同组织或器官中合成，如生长抑素可在下丘脑、胰岛、胃肠等器官中合成，多肽性生长因子则可在神经系统、内皮细胞中合成。神经系统与内分泌系统在生理学方面关系密切，例如下丘脑中部即为神经内分泌组织，可以合成抗利尿激素、催产素等，沿轴突储存于垂体后叶。在维持机体内环境稳定方面，神经系统与内分泌系统互相影响和协调。例如，在保持血糖稳定的机制中，既有内分泌方面的激素如胰岛素、胰高血糖素、生长激素、生长抑素、肾上腺皮质激素等的作用，也有神经系统如交感神经和副交感神经的参与。所以只有在神经系统和内分泌系统均正常时，才能使机体内环境维持最佳状态。

**知识拓展**

胰腺是一个细细的三角状腺体，它能分泌胰岛素和高血糖素等，有调节糖代谢的作用。胰岛素是在细胞团里产生的，这种细胞团称为"胰岛"。胸腺是一个淋巴器官，兼有内分泌功能，它位于心脏的前面。胸腺能使白细胞辨认出入侵的细菌，并帮助它消灭细菌。

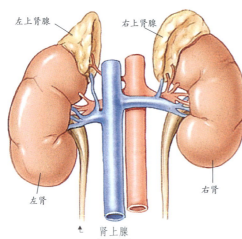

左上肾腺　　右上肾腺

左肾　　右肾

↑ 肾上腺

● **小贴士** ▶ ▶ ▶

　　正常情况下，人体内的各种激素会保持平衡。但是，如果因某种原因导致任何一种内分泌细胞的功能失常，都会导致一种激素分泌过多或缺乏，从而引起各种疾病，使身体不能进行正常地生长、发育、生殖，不能进行正常新陈代谢活动的病症。比如，甲状腺产生的甲状腺激素过多就会出现甲亢；垂体产生激素过少，就会出现侏儒症；当人体内的胸腺分泌的胸腺素增多时，可导致神经肌肉传导障碍而出现重症肌无力现象。

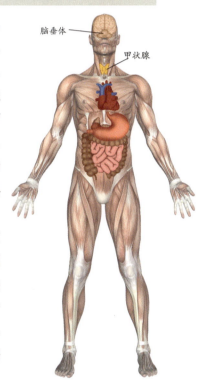

　　一个人能够正常脱离儿童时代，越过懵懂的青春期，然后迈进成年时期，这些无不与内分泌系统有关。但是，有时候我们也会看到一些人特别高大，一些人特别肥胖，这都是内分泌系统的作用。内分泌系统对机体各器官的生长发育、机能活动、新陈代谢起着十分复杂和重要的调节作用。人体的内分泌腺主要有垂体、甲状腺、甲状旁腺、胰腺、肾上腺、胸腺和性腺。此外，松果体和分布于胃肠道黏膜中的内分泌细胞以及下丘脑的某些神经细胞，也具有内分泌的功能，能够分泌激素。

　　激素是内分泌系统用来传递信息的一类化学物质。它由内分泌腺产生，并参与内分泌系统对人体生理功能的调节。每种激素作用于一定器官或器官内的某类细胞，这些器官或细胞称为激素靶器官或靶细胞。激素靶器官存在于身体的各个部位，肾上腺素的靶器官是肝、脂肪组织、心肌和骨骼肌，胰岛素的靶器官是肝、骨骼肌，而胰高血糖素的靶器官是肝、心肌和脂肪组织。

　　下丘脑是人体内分泌活动的枢纽，人的垂体分泌激素的多少，主要是由下丘脑支配的。下丘脑中有一些细胞不仅能够传导兴奋，而且能分泌激素，这些激素的功能是促进人的垂体中激素的合成和分泌。它们能把人体的内脏活动和其他的生理活动联系起来，参与到调节人体体温、摄取营养，以及调节水平衡、内分泌平衡和情绪反应等重要生理过程。

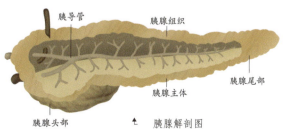

胰腺解剖图

# 垂体

在古代欧洲，曾有人发现在人的大脑底部有个像豆子大小的腺体，并给其取名为脑垂体。在当时人们的眼里，脑垂体仅仅是一个过滤装置，负责过滤大脑产生的水分和废物，这些废物只是经过它再排进鼻腔，直到1840年以后，这个被长期误解的腺体才被真正认识。

脑垂体位于脑底部的中央位置，其形状大小在各种动物身上略有不同。脑垂体是人体内最复杂的内分泌腺，其所产生的激素不但与身体骨骼和软组织的生长有关，还可影响其他内分泌腺，如甲状腺、肾上腺皮质、性腺的活动，调节和控制着人的生长发育、生殖及新陈代谢。整个脑垂体重约0.6克，可分为脑下垂体前叶、脑下垂体后叶，其中前叶约80%，后叶约20%。脑垂体借助漏斗状结构组织和下丘脑相连接，呈椭圆形，位于颅中窝、蝶骨体上面的垂体窝内，外面包裹着一层坚韧的硬脑膜。位于前方的腺垂体来自胚胎时期口凹顶的上皮囊，腺垂体包括远侧部、结节部和中间部。位于后方的神经垂体较小，由神经部和漏斗部组成。

组成垂体的各部分各有分工。脑下垂体前叶主要负责分泌激素，其细胞分泌的激素主要有7种，分别为生长激素、黄体成长素、催乳素、甲状腺刺激素、滤泡刺激素和促肾上腺皮质素。脑下垂体

脑垂体

脑垂体分泌多种激素，影响人体的生长和发育。

● 小贴士 ▶▶▶

　　垂体腺瘤是一种疾病，早期垂体腺瘤通常不会造成视野障碍。但如果肿瘤长大，向上伸展，会压迫视交叉神经，从而导致视野缺损。当肿瘤病变加重，压迫也会加重，则眼睛的视野会受到更大影响。如果垂体肿瘤未能及时获得治疗，视野缺损可能会再扩大，并且视力也会随之减退，最终可能导致全盲。因为垂体瘤多为良性，初期病变可持续相当时间，待病情严重时，视力视野障碍可能就会突然加剧，如果肿瘤偏于一侧，可致单眼偏盲或失明。

后叶本身不会制造激素，而是起储存或释放下视丘分泌的两种激素的作用。下视丘脑制造的抗利尿激素和催产素，通过下丘脑与垂体之间的神经纤维被送到脑下垂体后叶储存起来，当身体需要时就释放到血液中。

　　人们称脑垂体为人类的"死亡之腺"，这是因为它是人体最重要的内分泌腺。脑垂体所分泌的多种激素，如生长激素、甲状腺刺激素、促肾上腺皮质激素、滤泡刺激素、催乳素等，对人体代谢、生长、发育和生殖等有重要作用。如人体一旦缺少甲状腺素，就会感到浑身乏力，而甲状腺素一旦停止分泌，人就会衰竭死亡。生长素对长骨的发育、生长起关键性作用，长骨两端是软骨组织，叫骨骺，骨骺不断生成新的软骨组织，然后再钙化，这样长骨的长度也就增加了。但实际上生长素并不直接作用于骨骺，而是借助于血浆中的一种叫生长素介质的物质发生作用，促进软骨组织中蛋白质的合成和细胞分裂，从而使软骨组织生长，长骨会随着软骨组织增长，从而促使身高随之生长。

　　研究发现，幼年时期如果人体生长激素分泌不足，则会导致生长迟缓，身材矮小，这就是人们所说的"侏儒症"；如果生长素过多，就会使全身长骨发育过盛，成年后，有的身高可达2.6米以上，这叫"巨人症"；如果成年人生长激素分泌过多，由于长骨的骨骺已经愈合，身高不能再增长，而使短骨过分生长，从而形成手大、指粗、鼻高、下颌突出等现象，这叫肢端肥大症。

▼　脑垂体和人体身高关系最大，生长激素分泌太少会形成侏儒症；生长激素过剩又会形成巨人症。下图为侏儒症患者。

# 甲状腺

甲状腺是脊椎动物非常重要的腺体，属于内分泌器官。在哺乳动物体内，它位于颈部甲状软骨下方，气管两旁。人类的甲状腺形似蝴蝶，犹如盾甲，故得名"甲状腺"。甲状腺是人体最大的内分泌腺体，在怀孕期，女性甲状腺重量会增加。甲状腺的主要功能是合成甲状腺激素，调节机体代谢促进代谢过程，使人体正常生长和发育，提高神经系统的兴奋性。甲状腺体的血液供应通道有上下左右4条动脉，所以甲状腺血供较丰富，腺体功能受颈交感神经节的交感神经和迷走神经支配。

甲状腺由许多大小不等的滤泡组成。滤泡壁由单层立方上皮细胞组成，它们是腺体的分泌细胞。滤泡的泡腔内有胶状物，为腺体细胞分泌的贮存物，另外滤泡之间也有丰富的毛细血管和少量结缔组织。在一般情况下，从外表几乎看不出来甲状腺的存在，只有在它得病以后，才能显现出来。甲状腺有一项特殊的本领，就是把全身大多数的碘集中起来，加上蛋白质，制造甲状腺激素。甲状腺激素是含有碘元素的一种氨基酸，其主要作用是促进新陈代谢，加速体内物质的氧化分解过程，促进生长发育，提高神经系统的兴奋性。

医学实践表明，如果甲状腺功能不足，分泌激素过少，人体会表现出代谢缓慢、体温较低、心跳较慢、全身浮肿、智力减弱等病症。如果人在婴幼儿时期，甲状腺激素分泌过少，还会患呆小症，即身材矮小，智力低下，生殖器官发育不全。

## 知识拓展

碘是甲状腺合成甲状腺激素的原料之一，我们俗称的"大脖子病"，就是由饮食中缺碘所引起的。缺碘使甲状腺激素分泌不足，这样就会刺激垂体分泌大量促甲状腺激素，从而引起甲状腺代偿性地增生、肿大。吃含碘的食盐和含碘多的食物，如海带等可预防"大脖子病"。

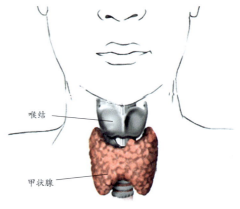

喉结

甲状腺

▲ 甲状腺结构示意图

● **小贴士** ▶ ▶ ▶

　　到医院进行检查，以确定甲状腺疾病的性质时，可能会需要抽血化验检查甲状腺功能，必要时还须做甲状腺的放射性核素和超声波检查，甚至做甲状腺穿刺细胞学检查。当你出现怕热、多汗、心悸、性情急躁、食欲亢进、消瘦等症状，或者出现怕冷、浮肿、体重增加、皮肤干燥、食欲减退等不适现象时，应该注意有无甲状腺功能亢进或减退的可能。当你感觉颈部疼痛并有发热，在甲状腺部位摸到肿块并有压痛时，这可能是急性或亚急性甲状腺炎的前兆。

　　但是，如果甲状腺功能过强，分泌甲状腺激素过多，则会走向另一极端——新陈代谢加快。这样的结果往往表现为食量增大而身体消瘦无力，心跳、呼吸加快，怕热多汗，坐卧不安、脾气急躁，甚至眼球突出等症状。

　　在甲状腺两个侧叶后面的包膜里，有一些很小的内分泌腺体，这就是甲状旁腺。大多数人是 4 个甲状旁腺，总重量约 100 毫克。甲状旁腺分泌的激素能促进骨头的成长和坚固，能使钙和磷从骨头进入血液。但是，甲状旁腺激素分泌过多，就会使骨头里的钙和磷大量进入血液，一方面造成血液中钙、磷含量过高；另一方面又使骨头因钙、磷流失而使骨质变得疏松、易弯曲变形，甚至骨折。同时当血液中的钙、磷未能即时通过尿液排出体外，致使多余的钙、磷沉积在肾脏、输尿管或膀胱里，则会在人体内形成结石。而如果激素分泌过少，钙和磷会沉积在骨头里释放不出来，血中钙的含量过低，人又会抽筋，呼吸肌和心肌的活动也会受到不良影响。

　　由于甲状腺疾病多种多样，所以一般情况下我们自己很难察觉。日常生活中，当发现颈部出现增粗现象或有肿块时，即使没有什么不适的症状，也要想到是否发生了甲状腺肿大或其他甲状腺疾病，并且应及时去医院就诊。一般医生通过甲状腺触诊就可以知道甲状腺是否肿大、是否有肿物。

↶　大脖子病的学名是甲状腺肿，该病症发病机理有两种情况：一是地方性甲状腺肿，这是一种典型的碘缺乏病，多见于山区和远离海洋的地区；二是散发性甲状腺肿，这种病症发病原因更为复杂。

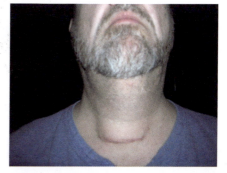

# 免疫系统

因为有免疫系统，我们得了感冒后，会很快自愈；我们在婴幼儿时期定期接种各种疫苗后，一些疾病可能就无法再接近我们。人体有了免疫力，就像给自己的身体打造了一支有力的军队，在任何一秒内，免疫系统都能"调兵遣将"，调派不计其数和不同职能的免疫"部队"从事复杂的任务，以确保我们的身体免受病菌的入侵。免疫系统不仅能抵御外来细菌的侵袭，而且能消除体内衰老、突变、恶化或死亡的细胞，从而使我们的身体得到保护。

免疫系统是人体免疫力的重要组成部分，它能从自身的细胞或组织辨识出非自体物质，小到病毒，大至寄生虫等。它不仅时刻保护我们免受外来入侵物的危害，同时也能预防体内细胞突变引发癌症的威胁。

医学研究显示，人体约90%以上的疾病与免疫系统失调有关。而人体免疫系统的结构是繁多而复杂的，并不只在某一个特定的位置或是器官，相反，它是由人体多个器官共同协调运作的。

免疫系统各个组成部分广布全身，形成一个错综复杂的网络，而其中的免疫细胞和免疫分子还能在机体内不断地产生、循环和更新，以维持人体正常的生理机能运转。

◄ 人体免疫失常会导致疾病的发生。例如免疫系统功能降低时，会导致病菌重复感染而危及生命；相反，过度反应的免疫也会将自身组织或细胞当成外来的病菌而攻击，这就是人们所称的自体免疫性疾病。

　　人体与外界环境接触的表面，覆盖着一层完整的皮肤和黏膜。皮肤由多层扁平细胞组成，能阻挡病原体的穿越，只有当皮肤损伤时，病原体才能侵入。黏膜仅有单层柱状细胞，机械性阻挡作用不如皮肤，但黏膜有多种附件和分泌液。例如呼吸道黏膜上皮细胞的纤毛运动、口腔唾液的吞咽和肠蠕动等，可将停留在黏膜表面的病原体驱赶出体外。当宿主受寒冷空气或有害气体等刺激，上呼吸道黏膜屏障受损伤时，就易患气管炎、支气管炎和肺炎等。

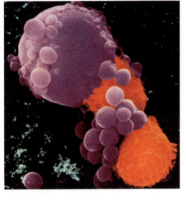

↑　显微镜下的 T 细胞杀死癌细胞

　　免疫系统由淋巴样器官和免疫活性细胞组成。淋巴样器官主要有骨髓、胸腺、扁桃体、盲肠、淋巴结和脾，其基本任务是制造和生产免疫细胞。免疫活性细胞也就是淋巴细胞，大致分为三类：T 细胞、B 细胞和巨噬细胞。

　　T 细胞是由胸腺哺育的，负责细胞免疫，通过直接的作用或释放出一些淋巴因子来杀伤敌人；B 细胞负责体液免疫，当发现敌人后，在 T 细胞协助下能增殖、分化成浆细胞，然后生产出大量的抗体来对抗、中和或杀伤入侵的敌人；巨噬细胞是人体内的清道夫，它的主要功能是吞噬并处理病菌，同时在抗体和淋巴因子协助下，攻击、杀伤和处理敌人，再转交给淋巴细胞去加工。体内骨髓造血功能、胸腺功能、血液中的巨噬细胞和 T 细胞数量的多少是衡量人体免疫力的重要指标。

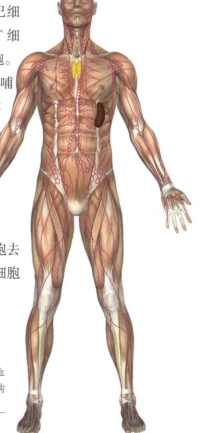

➡　人体内遍布全身、与心血管系统密切联系的淋巴管，构成了人体重要的防卫体系。

# 病菌与免疫

人体的免疫力分为先天性和后天获得性免疫，比如我们的身体天生就具有抵抗外来病菌和微生物的能力，并由此对一些疾病产生免疫力，这就是先天性免疫，这种免疫可以保证人的正常生长和生活。如果向人体中注入疫苗，人体就会产生抵抗特定疾病的能力，这种免疫力是以前所不具有的，因此它是后天获得性免疫力。

人体在感染病菌的过程中，各免疫器官之间会互相协作、密切配合，共同完成复杂的免疫防御功能。当病菌侵入人体后，首先遇到的是先天免疫功能的抵御。经过7~10天，机体产生了后天免疫，然后两者相互配合，共同杀灭病菌。注射疫苗可以使身体产生防御能力，从而对抗病菌，保证身体健康。

我们肉眼根本无法看见的病菌本领大得出奇，它们无孔不入，任何地方都可能成为病菌的栖身之所。每个人的口腔和皮肤都有病菌存在，如果病菌进入到血液，可能会

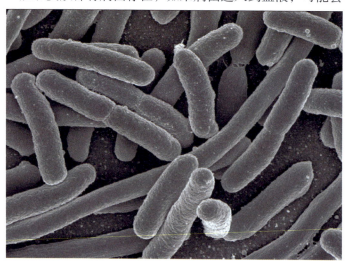

← 细菌通常长约1微米，1万个细菌排起来大概才有1厘米长。病毒是最小的病菌，介于生物和非生物之间，大多数病毒的直径在10~300纳米。大肠杆菌噬菌体是人体大肠内的一种细菌，它只能在人的大肠内，若在其他部位，就会导致疾病。

引起败血症。很多传染病都是由细菌引起的，但是，人们以前对此毫无办法。直到 19 世纪中期，法国微生物学家巴斯德经过反复研究，发现温度在 62℃时再加热 30 分钟，就可以杀灭物质中不耐高温的细菌等微生物。直到今天，人们还在使用这种方法消灭酒中的杂菌。为了纪念这位微生物学家，人们把这种消毒方法称为巴斯德消毒法。

人体的先天免疫力又称非特异性免疫，这是人类在长期的进化过程中，逐渐建立起来的一系列防御功能。这种免疫生来就有，并能遗传，对各种微生物均有一定程度的防御能力，而没有特殊的针对性。

后天免疫通常是人出生以后，在生活过程中自然获得或者用人工辅助的方法被动得到，这种免疫力具有特异性，如患过伤寒的人只能获得对伤寒杆菌的免疫力，而对痢疾杆菌就没有免疫力，所以这种免疫力又称获得性免疫。这种免疫力不是天生就有的，也不是人人都有的，只有与该病原体斗争过的人才有。

我们从出生到 12 岁这个阶段，每个人都要接受多次的免疫疫苗接种，也就是用人工方法将免疫原或免疫效应物质输入到机体内，使机体通过人工自动免疫或被动免疫的方法，获得防治某种传染病的能力。如注射乙肝疫苗、卡介苗等，其目的就是预防相应疾病的发生和流行。

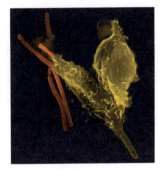

▲　当病原体穿透皮肤或黏膜到达体内组织后，人体内的吞噬细胞首先从毛细血管中逸出，聚集到病原体所在部位，多数情况下，病原体会被吞噬杀灭。上图的电子显微镜图像中，一个吞噬细胞（黄色）吞噬了炭疽热细菌（橙色）。

◢　疫苗能使我们的身体产生天然防御能力对抗病菌，从而保证身体健康。通过疫苗接种，我们能获得对某些疾病的免疫能力。

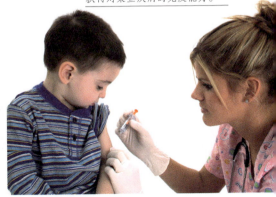

## ● 小贴士 ▶ ▶ ▶

当人体免疫系统由于各种原因而不能正常发挥保护作用时，我们的身体轻易就会招致细菌、病毒、真菌等的感染，从而使我们的免疫力降低。免疫力低下的最直接表现就是容易生病，疾病会加重机体能量的消耗，所以免疫力低下者一般会表现为体质虚弱、营养不良、精神委靡、疲乏无力、食欲降低、睡眠障碍等，生病、打针吃药变成家常便饭，而且每次生病都要很长时间才能恢复，还常常反复发作，如果长此以往，甚至可能会诱发重大疾病。

# 泌尿系统

人体每天都在吸收新鲜物质，同时排出体内废物，这种循环往复的生理作用一刻也不能停。人体的泌尿系统就是我们排泄人体内大量水分和水溶性垃圾的组织系统，所以有人将泌尿系统称作人体的下水道，这个说法其实一点也不为过。

人体的泌尿系统包括肾、输尿管、膀胱、括约肌和尿道，它的主要使命是泌尿和排尿。尿是在肾中形成的，肾脏就是清洁血液的过滤器。肾脏是泌尿系统的主要器官，是形成尿液的组织，也是人体最主要的排泄器官。肾脏形似蚕豆，分为两部分，分别处于腰的后部脊柱的两侧，内缘中部凹陷为肾门，输尿管、血管、神经和淋巴管经此出入。它由大量泌尿小管组成，每条肾小管起始端膨大内陷成双层的囊（肾小囊），并与血管球共同构成肾小体，肾小管的末端与集合小管相接。每个肾小体和一条与它相连的肾小管组成尿液形成的基本结构和功能单位即肾单位。

在每个人每天接受的大量食物和水分中，能够被吸收的营养只占很少的一部分，绝大部分变成了需要排出的“垃圾”，而人的肌体所排出的废物中，又有大部分是需要泌尿系统排出的“废水”。这种排泄不光是起到“清理”的作用，还具

**知识拓展**

一个正常人一昼夜形成的原尿可达到大约150升。这些原尿经过肾脏过滤，绝大部分水分和养分将重新回到人体循环系统中，被人体吸收利用。

肾上腺可分泌多种激素
肾将体内的代谢废物和毒素排出体外，起到调节人体水、盐代谢及离子平衡的作用。
肾动脉
肾静脉
尿液生成后由输尿管运送到膀胱内暂时储存
膀胱是储存尿液的器官

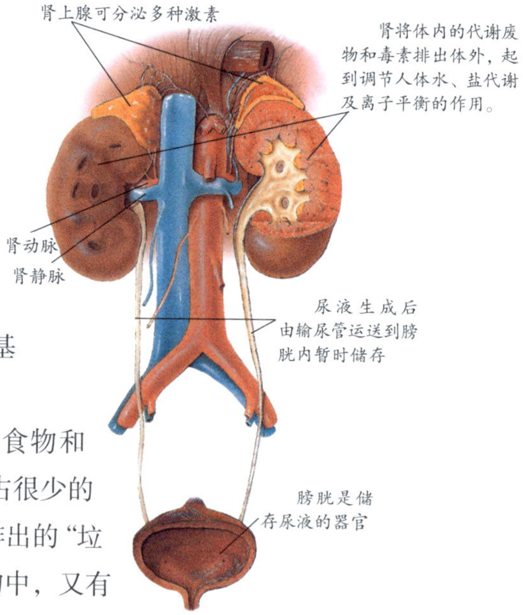

泌尿系统示意图

有调节人体水盐代谢和离子平衡的功能。一旦肾出现问题，会使人体内部的水、电解质紊乱，酸碱失去平衡，因此肾的健康、肾功能的正常运作一定不能忽视。

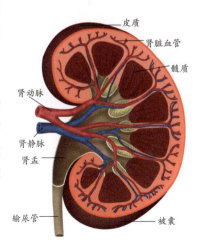

肾动脉

肾静脉
肾盂

输尿管

皮质
肾脏血管
髓质

被囊

↖ 肾解剖图

　　尿液的形成过程包括肾小球的过滤作用和肾小管的重吸收作用。当血液流经肾小球时，血液中除血细胞和大分子蛋白质外，其他成分如水、无机盐类、葡萄糖、尿素、尿酸等物质，都可以由肾小球过滤到肾小囊腔内，形成原尿。原尿流经肾小管时，其中对人体有用的物质，被肾小管重新吸收回血液，而剩下的废物则由肾小管流出，形成尿液。之后，尿液会进入肾盂，经过肾盂的收缩进入到输尿管，再经过输尿管的蠕动进入膀胱。膀胱是泌尿系统中最后一道器官，它位于下腹腔前部，是一个储存尿液的囊状器官，相当于人体内的"夜壶"。

　　尿液在泌尿系统中的整个形成过程是持续不断的，而排尿是间断的。将尿生成的持续性转变为间断性排尿，由膀胱来完成。尿液由肾单位形成后，都汇集到肾盂，经输尿管输送到膀胱，暂时储存，达到一定量后，此信息就会传递给大脑，然后排出体外。

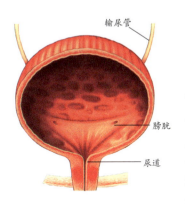

输尿管

膀胱

尿道

← 左图为膀胱解剖图。膀胱主要由平滑肌构成，具有明显的伸缩性。人体膀胱上部左右两边各连接着一条输尿管，与两个肾脏相接，膀胱底部的前方为尿道内口，这个区位被称为"膀胱三角"。

### ● 小贴士 ▶▶▶

　　在人体尿道口的周围，有着比较发达的膀胱环肌，被称为膀胱括约肌。一般情况下，膀胱括约肌是收缩的，当排尿时，膀胱壁的肌肉收缩，出口处的括约肌放松，尿液就能够排出体外了。值得注意的是，"膀胱三角"地带是容易引起膀胱结核和肿瘤的部位。保持膀胱的健康，应当注意饮食卫生，经常做体育锻炼，在"尿憋"时一般不宜硬撑着，而应该尽量及时排尿。

# 消化系统

人吃下的饭如何转变为力量呢？奥妙就在于消化系统。消化系统是人体营养物质的"原料加工厂"，这个原料加工厂由消化道和消化腺两大"分厂"组成。我们每天都会吃进各种不同的食物，软的、硬的、凉的、热的、甜的、酸的，正常的消化系统一般都会来者不拒，统统收下。但如果胃不舒服了，那可能就是消化系统出问题了。

人体消化管道是从口腔到肛门的一条曲曲弯弯、粗细不等的流水作业线，它是消化系统重要的工作流程。食物在口腔被咀嚼后，经过食管，来到了胃。经过胃的酸化加工，再进入小肠。小肠是过滤车间，分解和消化脂肪、蛋白质、糖等营养物质，并将剩下的废物送到大肠。大肠是"废料车间"，也就是形成粪便的地方，人体的废料从这里经由肛门排出体外，这时，整个的消化过程才算完成。

人体中的食道就是一条由肌肉组成，连接咽喉和胃，将食物送入胃中的管道。食管本身并没有任何的消化作用，其主要功能只是将食物从咽喉传递到胃中。当食物到了食管，食管就像蠕虫那样缓慢蠕动起来，把食物朝胃部方向推进，所以，即使人躺着喝水和吃东西，也一样可以把食物送到胃里。

胃是消化系统中的主要器官，

在人体整个消化系统中，消化工作始终离不开消化液。唾液腺、胃腺、肝、胰等，都是可以分泌各种消化液的器官，其中肝是人体最大的腺器官。成人的肝则具有分泌胆汁，合成和储藏糖原等营养的功能，还具有解毒和防御等作用。所以，肝还被称为人体的"警察局"。

食物进入胃后，经胃壁肌肉机械性的运动和胃液的化学性消化后，变成了半流质状的食糜，经幽门推向十二指肠。

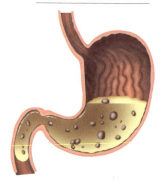

人们的能量来自于食物，消化系统就是帮我们将食物转化为能量的加工厂。

是消化管"分厂"的"酸化车间",它是一个由三层平滑肌组成的口袋,形状好像一只胖胖的烤鸭。胃能自动伸缩,同时分泌出大量含有盐酸的胃液,来分解消化食物。适宜的酸度和温度是胃正常工作的必要条件,虽然胃里的酸性成分很大,但因为它本身也能分泌一种弱碱性的黏液,所以胃酸对胃本身并没有多么大的伤害。不过为了维护胃的健康,还是应当养成良好的饮食习惯。

小肠虽然有个"小"字,但它的长度却在消化道中排居第一位。小肠是人体营养吸收的主要部位,由十二指肠、空肠、回肠组成,其内壁的黏膜上覆有褶皱和绒毛,能一边吸收营养,一边过滤食物,通过不断向前蠕动,对食物展开"取其精华,去其糟粕"的工作。经过小肠吸收、过滤之后剩下的废料,就被送到大肠中去。

大肠是人体中存放"残渣废料"之处,由盲肠、结肠和直肠组成,主要吸收水分和电解质,将食物残渣形成粪便。盲肠位于大肠起始处,它的下端有一小段5～7厘米的小盲肠,就是阑尾。结肠在大肠中最长,从下腹腔的右侧向上延伸到左侧,它的下面是直肠。直肠并不完全垂直,也有弯度,直肠再下面就是肛门了。大肠负责人体消化过程的"收尾工作",完成整项工作通常需要十几个小时,甚至更长时间。

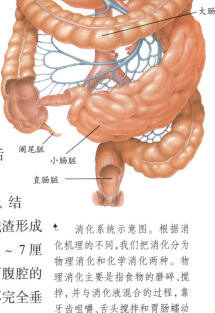

肝脏
胃
胰腺
大肠
胆囊脏
阑尾脏
小肠脏
直肠脏

↑ 消化系统示意图。根据消化机理的不同,我们把消化分为物理消化和化学消化两种。物理消化主要是指食物的磨碎、搅拌,并与消化液混合的过程,靠牙齿咀嚼、舌头搅拌和胃肠蠕动完成;化学消化则指食物经过化学反应变化,成为能被人体直接吸收的水溶性小分子的过程。

● 小贴士 ▶ ▶ ▶

老年人的口腔、食管、胃、小肠和大肠等方面的运动功能相比中青年人,均有不同程度的改变,主要表现在牙齿部分脱落或全部脱落,肌肉及骨骼的结构和功能逐渐退化导致咀嚼功能减退,吞咽功能欠佳,食物不易嚼烂。因此,老年人在食物选择上受到限制,只能进食比较软的、精细的食物,不过这样也往往容易造成消化不良、便秘乃至相应营养素的缺乏。另外,老年人食管、胃的蠕动及输送食物的功能减弱,也会影响老年人消化系统的正常工作。

# 唾液

唾液是一种无色且稀薄的液体，被人们俗称为口水，在古代，人们称其为"金津玉液"。

唾液是由三对大唾液腺——颌下腺、腮腺和舌下腺——分泌的液体以及口腔壁上许多小黏液腺分泌的黏液在口腔里混合而成的消化液。唾液无色无味，pH 值通常在 6.6~7.1，呈中性而稍偏酸。唾液主要由人体的唾液腺分泌，人体有多个唾液腺，小唾液腺分布在口腔各部位的黏膜中，有唇、颊、舌、腭四种腺体；大唾液腺有腮腺、舌下腺和颌下腺。腮腺、颌下腺和舌下腺是主要的唾液分泌器官，人体分泌唾液受到大脑皮层的控制，同时也会受到饮食、环境、年龄以及情绪或唾液腺病变等因素的影响。一般而言，人每日分泌 1.0~1.5升的唾液为正常现象。

唾液对人体有很多特殊作用，其所含有的碳酸盐、磷酸盐和蛋白质，对牙齿有化学保护的作用；其含有的淀粉酶能够帮助消化；其他成分能对抗细菌，起到清洁口腔的作用；另外，通过检测唾液可验出癌症、艾滋病等疾病。唾液的养生保健功用，自古就受到重视与肯定。历代医学家、养生家为强调它的重要性，还为它取了各种美称，如"金津""玉液""琼浆""甘露""玉醴"等。不过唾液虽有诸多优点，也有一些不好的地方，比如一些带

**知识拓展**

刚出生的婴儿，唾液腺还没发育完全，唾液分泌不多，不大会流口水。五六个月时，唾液腺就能分泌大量的口水了，而这时的婴儿不会咽口水，所以口水就会流出口外。到了晚上，唾液腺也不会自动停止工作，只是会降低活动，所以唾液分泌会减少许多。

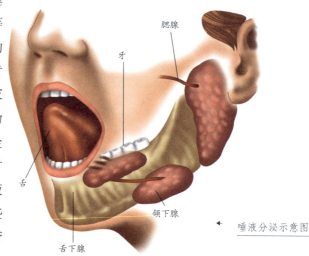

腮腺

牙

舌

颌下腺

舌下腺

唾液分泌示意图

有病菌的人体，其唾液往往也可传播疾病。

除了上述这些功能，唾液还具有消炎止痛、止血、杀菌解毒的作用。日常生活中擦破点皮肤，人们总爱涂一点儿唾液来疗伤止痛。当我们的舌尖和嘴唇被咬伤后，伤口的愈合速度往往比身体其他部位要快得多。这一点从动物身上也可以看到，动物受伤后，会经常用舌头去舐舐伤口。科学家们早已发现了唾液的这一神奇功效，并将其运用到了医学实践中。据说在德国有一家奇特的皮肤病医院，这里用来为病人进行治疗的不是什么最新研制的药物，也并非什么特殊的仪器，而是通过乳牛用舌头舔病人皮肤来治疗人体皮肤疾病。该治疗方法主要针对神经性皮炎和头皮癣等，而且还很有效。而苏联的科学家在采用"唾液疗法"治疗一些久治不愈的顽固性皮肤病时，也意外获得成功。

为什么唾液会有这种功效呢？研究发现，这是因为唾液中含有两种珍贵的蛋白质，它们被称为表皮生长因子和神经生长因子。表皮生长因子是由53个氨基酸组成的多肽，能促进细胞的增殖分化，具有加速皮肤黏膜创伤的愈合、防止溃疡等特效；神经生长因子具有促进神经生长的功能，可以使断裂的神经末梢生长延伸，把离断的神经"焊接"起来，使受伤的皮肤早日恢复感觉和运动功能。

当我们进食时，唾液就随之分泌出来，有了它的参与，食物湿润变软，更容易被消化。

● **小贴士** ▸ ▸ ▸

唾液的基本生理功能是湿润和清洁口腔，同时还具有消灭产生齿垢的细菌，溶解可能对牙齿构成损害的物质，软化食物以便于吞咽，以及分解淀粉帮助人体消化的作用。如果唾液中的淀粉酶减弱，很快会影响到人体对食物的消化，另外这也可能会导致胃黏膜因缺少保护而受到胃酸损害，引发人体胃肠炎症或溃疡。一般体质强健的人，唾液分泌比较旺盛。而年老体弱者因为唾液分泌不足，故常出现口干舌燥、皮肤干燥、体力日衰等情形。

# 骨肉之躯

　　每一个鲜活的生命都有着骨肉之躯，强壮的骨骼使我们挺起了脊梁，并成为地球上唯一能够直立行走的生物；柔韧而健硕的肌肉为我们的运动提供了动力，使我们的身体游刃有余。生命就是这样神奇。

# 骨骼系统

人体中的骨骼使我们的身体不再只是一副"臭皮囊"，而成为一个兼具刚性之力和柔性之美的完美之作。人体之所以被认为是"大自然的杰作"，我们体内完整的骨骼系统起到了不小的作用。据统计，人体内共有206块骨头，主要功能是用来支撑和保持体形；另外，骨骼也提供肌肉连接面，透过关节，协助肌肉产生运动，为内部软组织结构提供保护。骨骼几乎分布在身体的每一个部分，仅仅在我们的手部，所拥有的骨骼总数就约占人体全部骨骼总数的1/4。

根据骨的形态可以把骨分为长骨、短骨、扁骨和不规则骨。大腿骨、上臂骨都是长骨；短骨则分布在灵活运动又承受压力的部位，如手腕骨；肋骨则属于扁骨；不规则骨如椎骨。它们都是由骨膜、骨质和骨髓构成的。

骨骼起着支撑身体的作用，是人体运动系统的一部分。可不能小看了我们自身的骨骼，它的硬度甚至可以与钢相提并论。但是骨骼却比钢轻得多，这是因为骨骼是空心的，而同时又有许多适应力学要求的纹理结构，所以轻而坚固。每平方厘米的骨头可以承受2 000千克的重压，一点儿也不亚于花岗石。有趣的是，构成这些坚实骨质的材料中却有1/4左右是水，而坚硬的钙质只占重量的一小半，其余的则是胶质等软组织。

骨骼有五大功能。第一，它能保护我们的内部器官，如颅骨保护脑、肋骨保护胸腔；第二，骨骼构成骨架，支撑人体，维持身体姿势；第三，骨骼有造血功能，骨髓是唯一的造血场所，它可以源源不断地制造和输送红细胞及白细胞进入血液循环，更新衰老、死亡的血细胞；第四，骨骼可以储存身体里重要的矿物质，如钙和磷；第五，我们之所以可以运动，就是靠骨骼、骨骼肌、肌腱、韧带和关节一起产生并传递力量来完成的。

成人骨头共有206块，分为头颅骨、躯干骨、上肢骨、下肢骨4个部分。但儿童

**知识拓展**

人体中的骨骼肌可随意志伸缩，一般一种"动作"多是一对肌肉和两块骨头，由关节相连来共同完成。而人体中的韧带和肌腱则属于结缔组织，我们通常所言的运动系统多数只有肌肉组织跟结缔组织，有时也包含骨髓内的神经及控制肌肉的运动神经组织。

的骨头却比大人多，因为儿童的骶骨有 5 块，长大后合为 1 块。儿童的尾骨有 4~5 块，长大后也合成 1 块。儿童有 2 块髂骨、2 块坐骨和 2 块耻骨，到成人就合并成为 2 块髋骨了。这样加起来，儿童的骨头要比大人多 11~12 块，就是说有 217~218 块，甚至有的初生婴儿的骨头数量更多一些。

研究发现，男性骨骼往往比较粗大，而且表面粗糙，肌肉附着处的突起明显，骨密质较厚，骨质重；而女性骨骼比较细弱，骨面光滑，骨质较轻。当骨折时，医生会用绷带或石膏固定伤处。人体要补充维生素 D 和钙，因为钙可以强壮我们的骨骼，而维生素 D 则可以帮助我们吸收钙。随着人的衰老，皮肤产生维生素 D 的能力会逐渐下降，不过研究发现，经常晒太阳可以促进皮肤产生维生素 D。

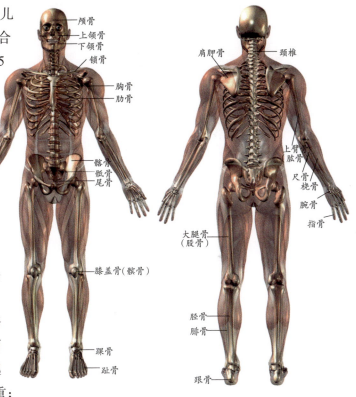

人体骨骼系统

顶骨
上颌骨
下颌骨
锁骨
胸骨
肋骨
髂骨
骶骨
尾骨
膝盖骨（髌骨）
踝骨
趾骨

肩胛骨
颈椎
上臂肱骨
尺骨
桡骨
腕骨
指骨
大腿骨（股骨）
胫骨
腓骨
跟骨

● **小贴士** ▶▶▶

　　有时脊椎动物的骨骼系统也分为外骨骼、内骨骼和水骨骼 3 种。许多大型脊椎动物都具有内骨骼结构，而节肢动物、软体动物、昆虫等则具有外骨骼，它们的骨骼是一层保护内部器官的壳。人体的内骨骼由体内坚硬的组织构成，并由肌肉系统提供运动动力。软骨是骨骼系统中另一重要的组成部分，起支持和补充骨骼的作用，人的耳和鼻即由软骨定型。在生物界，一些腔肠动物如水母、珊瑚虫和水蛭等环节动物，还具有体腔内充满液体的水骨骼。

# 骨骼

<big>我</big>们人类的骨骼在漫长的进化中早已矿物质化，或称骨骼化了。骨骼化是生物结构复杂化的基础，骨骼系统又是生物形态进化的限制因素。人体的骨骼从胎儿阶段开始发育，起初，绝大部分骨骼都是由软骨构成的。在婴儿的成长过程中，软骨逐渐被纤维组织所替代，并经过软骨骨化过程，硬化成骨。骨化到 20 岁左右才结束。骨骼的生长和发育通常由甲状腺激素、生长素以及性激素激发。青少年通常应加强锻炼，及时补钙，并定期测试骨密度，以保证骨骼健康发育。

我们已经知道，骨骼主要由骨膜、骨质和骨髓构成。其中骨膜在骨的表面，骨膜内含有丰富的血管和神经，向骨头供应营养物质，还对骨的生长和再生有重要作用，这是因为骨膜内有一种特殊的成骨细胞。例如骨折后骨的愈合，就要依靠骨膜的作用。骨质是骨的重要组成部分，它分为骨松质和骨密质。骨密质致密坚硬，位于骨的表面，在长骨中主要集中在骨干，骨松质主要位于短骨的内部与长骨的两端，结构疏松，像蜂窝一样。骨质由脆硬的无机物和柔韧的有机物组成，有机物主要是骨胶原蛋白，它能使骨具有韧性和弹性；无机物主要是钙、磷等，它们能使骨有硬度与脆性。骨髓主要分布在长骨的骨髓腔和骨松质的空隙之中。幼年人的骨髓全都是具有造血功能的红骨髓，随着年龄增长，骨髓腔中的红骨髓逐渐变为由脂肪细胞构成的黄骨髓，并失去造血功能，而骨松质中终生保持着具有造血功能的红骨

下图为骨头结构示意图。如果把我们的身体比作一座房子，那么骨骼就相当于房屋的房梁，或者是现代建筑所使用的钢筋。所以，加强骨骼锻炼就成为我们增强体质的一个重要内容。

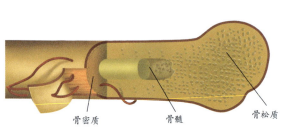

骨密质　　　骨髓　　　骨松质

**● 小贴士 ▶ ▶ ▶**

　　在考古学和法医学上，人们经常通过研究骨骼来判断骸骨主人的性别、年龄等。除了之前我们所提到的男女骨骼差别之外，判断性别时也可通过骨盆来决定。由于女性承担了生育的任务，因此，女性骨盆上口的尺寸比骨盆内部的尺寸要大一些。除此之外，颅骨、胸骨、锁骨、肩胛骨以及四肢长骨等也存在一定的性别差异。骨骼也可以向我们透露人的年龄，因为骨骼在骨化过程中会留下一些较为明显的痕迹特征。

髓。人体的骨骼是由一块块骨通过骨联结联系起来而构成的。有的骨联结不能活动，如脑颅骨间的连结；有的稍微能活动，如脊椎骨之间的联结；还有一种是能活动的，就是一般所说的关节，如肩关节、肘关节、膝关节等。

　　人的骨骼组合可分为头骨、躯干骨和四肢骨三部分。头骨包括8块脑颅骨和14块面颅骨。脑颅骨围成的颅腔保护着脑，头骨仅下颌骨能活动，其余的骨都联结得很紧密，不能活动，利于保护脑、眼等器官。此外，人的两侧中耳内还各有3块听小骨。人的躯干骨包括脊柱、肋骨和胸骨。成年人的脊柱由26块椎骨构成，椎骨上有椎孔，全部椎骨的椎孔连在一起构成椎管，里面有脊髓。椎骨自上而下有颈椎、胸椎、腰椎、骶骨和尾骨。

　　我们的肋骨共12对，胸骨1块，肋骨、胸骨和胸椎共同围成胸廓，保护着肺和心脏等器官。我们的四肢骨有上肢骨和下肢骨之分，两侧的上肢骨分别由肩胛骨、锁骨、上臂骨、前臂骨和手骨等组成。下肢骨每侧由髋骨、大腿骨、膝盖骨、小腿骨和足骨组成。髋骨、骶骨和尾骨共同围成骨盆。足部的跗骨、髋骨和足底的韧带、肌腱共同构成了凸向上方的足弓。

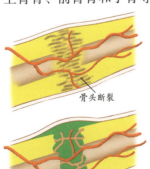

骨头断裂

骨头愈合

← 简单骨折时，骨头内的骨细胞会自行填充骨折部位，修复断裂处。

↰ 虽然大腿骨等骨骼十分坚硬，但是它们也会折断，引起骨折。这时，医生会用绷带或石膏固定伤处。

# 颅骨

颅骨位于脊柱上方，由 29 块形状和大小不同的扁骨和不规则骨组成。除下颌骨及舌骨外，其余各骨彼此借缝或软骨牢固连结，起着保护和支持脑、感觉器官以及消化器官和呼吸器官的起始部分的作用。

颅骨保护着大脑和部分感觉器官（眼、耳、鼻、舌），它看起来很像是一整块骨，其实它是由不同的骨头通过关节紧紧地连接在一起的。颅骨上面有许多孔，供血管和神经穿越。它又分为脑颅和面颅。

脑颅略呈卵圆形，内为颅腔，容纳脑，共有 8 块。面颅位于前下方，形成面部的基本轮廓，并参与构成眼眶、鼻腔和口腔，共 14 块（不包括舌骨）。面颅由鼻骨、颧骨、颌骨等组成，而 3 对听小骨位于颅骨两侧，由锤骨、砧骨及镫骨组成。

我们知道，身高是反映骨骼发育的一个重要指标，骨骼发育的优劣程度决定人的身高。而与身高相关的骨骼有头颅骨、脊柱骨和下肢的长骨。这三部分骨头各自的生长速度是不一致的，出生后第一年头部生长最快。

颅骨随着脑的发育而增长，其发育优劣可用头围的大小、颅缝和囟门闭合的早晚等标准来共同衡量。

颅骨　骨缝　眼窝　鼻腔　耳孔

▲　颅骨

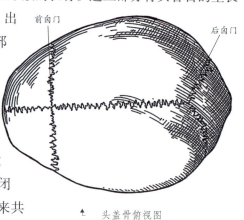

前囟门　后囟门

▲　头盖骨俯视图

## ● 小贴士 ▶▶▶

在考古挖掘中，一般来说，由于颅骨保存相对完好，考古学家常通过颅骨来鉴别死者的年龄。这是因为颅骨除下颌骨外，其他颅骨间均以骨缝相连，虽然大部分颅骨骨缝的愈合速度在个体之间差异较大，但依然能为年龄的划分提供宝贵的信息。比如，颅骨基底缝的愈合时间相对比较稳定，一般在20~25岁，通过观察基底缝的融合情况可以判断骨骼主人是否为成年人。当人步入老年期后，骨缝会完全融合并消失。

所谓囟门，指的是位于婴儿头顶部一个柔软的、有时能看到跳动的地方。囟门使婴儿的头可以变形以便挤出母体，出生几天后，婴儿的头就能恢复正常形状。囟门在出生时主要有两个：一个称前囟门，在头顶前部，由两侧顶骨前上角与额骨相接而组成，出生时斜径为2.5厘米，一般在1~1.5岁闭合；另一个称后囟门，由顶骨和枕骨交接而组成，在头顶后部，一般出生时就很小或已闭合，最晚在婴儿出生后2~4个月时闭合。囟门的表面是头皮，将手指轻放入在囟门上，可以摸到跳动。那是脑脊椎压力随着心脏搏动、血压变化而变化，与脉搏一致。

世界上有一批极其珍贵的头骨，可以说是无价之宝，不过它们并不是真正的人类颅骨，而是仿照人类颅骨制作的水晶头骨。它们以水晶石加工研磨而成的，大小几乎和人类的骷髅相同，其制作技术之精湛，叫人难以想象。我们知道水晶是一种硬度极高，几乎无法任意切断、随意造型的矿石，但玛雅人竟然在如此坚硬的水晶石上打造出了这样精美的颅骨造型，令人叹为观止。

曾有考古学家声称，即便以我们现在的科技水平，来制造这些水晶头骨恐怕也有困难，但一千多年前的玛雅人却可以轻易地完成如此精巧的水晶制品。究竟是谁教给他们这样的技术？至今这还是个未解之谜。下图为玛雅水晶头骨。

# 脊 柱

我们在日常生活中可能会有这样的发现，那些身姿挺拔的人总能给人充满活力、蓬勃向上的感觉，而一些总是弯腰驼背的人则让人觉得缺乏精气神。无论在学校还是家里，老师、父母可能也会经常提醒我们，要坐有坐相、站有站姿。其实，就是希望我们能够拥有一个发育良好的脊柱。说脊柱就像房屋的大梁，从早到晚支撑着我们的身体，这一点也不为过，所以脊柱又被人们称为"脊梁骨"。

脊柱由 33~34 块椎骨构成，每块椎骨的中心都有一个孔，叫锥孔，这些孔构成一个管道，骨髓在其中穿行。脊柱对人体而言非常重要，我们的骨架就是以脊柱为中心构成的，而身体的重量和所受的震荡便是从这儿传达到下肢

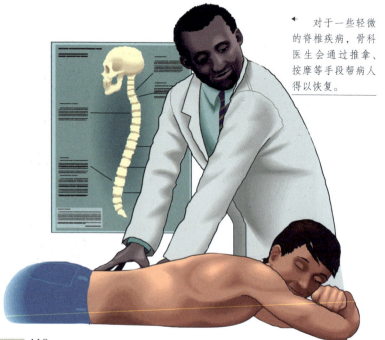

◀ 对于一些轻微的脊椎疾病，骨科医生会通过推拿、按摩等手段帮病人得以恢复。

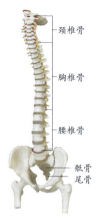

颈椎骨

胸椎骨

腰椎骨

骶骨
尾骨

▲ 脊柱

**● 小贴士 ▶▶▶**

　　脊柱除支持和保护功能外,还有灵活的运动功能。虽然在相邻两椎骨间运动范围很小,但多数椎骨间的运动累计在一起,就可进行较大幅度的运动,其运动方式包括屈伸、侧屈、旋转和环转等项。脊柱各段的运动度不同,这与椎间盘的厚度、椎间关节的方向等制约因素有关。人可以像壁虎一样,在悬崖峭壁上攀缘,也可以举起几百千克的杠铃,或者像孔雀、天鹅一样翩翩起舞等,人体所有具有高度灵活性的动作,跟我们的脊柱都有着密切关系。

的。脊柱由一节节脊椎骨相互连接而成,从上到下分为 5 段,每段脊椎骨的节数并不一样:颈椎有 7 节;胸椎有 12 节;腰椎有 5 节;骶椎在儿童时为 5 节,到成年后融合成 1 节;尾椎,在儿童时为 4~5 节,成年后也合成 1 节。所有的椎孔连起来就成了长长的空心管子,这管子就叫椎管。椎管里装着十分重要的骨髓。

　　脊椎骨又是如何组成一根完整脊柱的呢?原来,每块脊椎骨都有两对关节突相互咬合固定在一起,椎骨之间还有弹性很好的椎间盘。它们连接起来后就相当于一个骨骼"弹簧",当我们走路、蹦跳时,就靠这些"弹簧"来抵消震动,正因如此我们才不会感到脑袋震荡。除了这点,脊椎骨上还有许多条韧带上下左右地把每块椎骨绑在一起,另外再加上长长短短、大大小小、总数达 140 多条的肌肉包围着脊柱,于是脊柱就变成一根既能灵活运动、又坚固结实的柱子了。

▲　人在承受很大压力时,腰椎可以缓冲压力,但如果负重过大,就会造成纤维环破裂,导致腰椎方面的疾病。

　　虽然我们能笔直地站立,可事实上正常人的脊柱并不笔直。如果有机会看到人体骨架,只要从侧面看一下就会明白了,原来脊柱是呈"S"形的,它有 4 个地方是弯曲的。不过这种弯曲符合我们的生理需要,医书上将这种弯曲称为"生理性弯曲"。不过这些弯曲并非生来就有,它有一个变化过程。新生儿的脊柱呈弓形;孩子能坐后,胸椎的后凸就明显起来,要是胸椎后凸得很厉害,就会成为驼背;开始学走步时,为了保持身体的平衡,腰椎就前凸,随着腰曲出现,骶椎则会弯向后方。

↘　儿童在成长过程中,不正确的坐姿往往会引发脊椎疾病。

# 手

　　说到手我们能想到的词语、话题实在是太多了，有人说，人的手就像任何四足动物一样，不过是普通的前爪。但不同的是，人手的大拇指能够呈"反向"伸展，于是，我们的手有了抓握工具和做其他许多事情的能力。但是，那些不具备类似"能抓又能握的手"的动物，就只能以爪子、嘴或者牙齿来协助完成工作了。

　　在数百万年的漫长进化史中，人类的手逐渐演变成了大自然所能创造出的最完美的工具。我们每天都要使用双手，很难想象，没有它我们会怎么办。我们用手拿筷子、勺子吃饭，用手握笔写字，用手敲打键盘，甚至连挠痒、开门这样再普通不过的小事，都离不开我们的手，更不用说打球、弹琴这样需要训练的专业动作了。

　　从我们日常生活中的表情达意、挥手告别、举手致意、鼓掌喝彩、合掌表虔诚到聋哑人之间的"手语"，我们有哪一样能缺得了手的帮助呢？我们的手几乎时刻都闲不住，曾有人估计，每天除了睡觉以外，我们的手

　　人们常常习惯于在说话的同时借助手势来表达自己的想法和愿望。

知识拓展

　　在人手的5个指头中，最忙的是大拇指。它既能独立活动，又能与另外4指密切合作。你不妨注意一下，人们抓榔头、拿笔管、端碗举筷、紧握枪支，都少不了要用大拇指。在古代，战争中抓到俘虏后常会砍去他们的大拇指，为的是不让他们重新拿起武器。

总共伸、屈指关节至少要达 2 500 万次。

手指是全身最敏感的部位之一。在手上一块比 1 枚硬币还小的面积上，就聚集着千千万万个神经细胞，它们能分辨出所接触物体的冷热软硬和大小形状，其敏感程度比其他部位要高出 1 倍多。

研究表明，手指的活动会更好地刺激和增强脑的功能，常动手指（如练习打算盘）可使大脑反应灵敏，有利于智力发展。在某些情况下可以说，动手也是动脑。

研究发现，在说话时做手势有助于思考、表达和记忆。在大脑的语言中枢和运动中枢之间，存在着密切的神经元联系，大脑在说话时会变得活跃的那一部分，在做手势时，同样也会活跃起来。

科学家发现，大脑控制手的活动的区域，分布在运动中枢里几个不同的部位，面积达到大脑皮层的 1/4 左右。一个简单的手的动作，例如举起一杯牛奶送到嘴边，便会使大脑皮层出现特别强烈的兴奋，而这一直是令神经学家不解的谜。

钢琴家灵活的手指能在 1 秒钟内敲击琴键数十次，演奏出美妙的音乐，这都归于手的特殊结构。人类的一只手有 8 块腕骨、5 根掌骨、14 节指骨，有 59 条肌肉、3 大神经干，还有特别发达的血管系统。正是这些"部件"的合理组合，才使我们的双手灵活自如。

↑ 灵巧的双手可以帮助我们完成生活中的各种动作。

## ● 小贴士 ▶▶▶▶

一般人一只手只有 5 个指头，但是一些人却有 6 个指头，极少数的人甚至生有 7 个指头。从医学观点看，5 指以外的多余手指统称为"枝指"，现实生活中有"枝指"的人并不少见。我国四川省近几年曾做过一次调查，在这些被调查的婴儿中，多指(趾)的发生率约为 14.8/万(人)，若按此比例推算，全国多指(趾)的人则至少有 150 万。"枝指"是一种畸形现象，没有什么功能，是种"无用之指"，医生常采用手术的方法把它切除。

# 脚

对于一般的四足或两足动物来讲，脚担负着身体最重要的功能。那些生活在野外的动物，终日行走于尖石和荆棘之上，时而疾驰，时而小跑，时而四处逡巡，此时的脚为了使主人的安全得以保障而全力以赴，为此，它成为身体当中最易受到伤害的部位之一。正因如此，所以当人类认识到自己不再是动物时，我们很快就开始为如何增强双脚的能力做准备了。以后，人类创造了无数发明，以替代脚去完成大量的工作，这才从某些方面解放了我们的双足。

脚是人和某些动物身体最下部接触地面的部分，是人体重要的负重器官和运动器官。人体的每只脚有 26 块骨骼，周围被肌肉和韧带包裹，这样精妙的结构被生物学家称为"解剖学上的奇迹"。脚底的足弓呈拱桥形状，承担了身体的大部分重量，它具有将抵达脚底的力量反弹回腿部和脚踝，使身体屹立不倒的特殊功能。为了保持身体平衡，脚必须时刻拉紧这条肌肉、放松那条肌肉，从而使人体自身感到平衡。科学家通过精密仪器发现，人站立时的重心也会随着呼吸而轻微变换位置。所以，从科学观点看，可以说世界上几乎没有"纹丝不动站立着"的人。

我们的脚部充满灵敏的神经和丰富的血管，它连接着身体里的很多器官，可以反映这些器官的健康状况，因此

**脚部橡胶模型图**

脚上的血管众多，经常泡脚可以促进血液循环。

**● 小贴士** ▶▶▶

　　人的胚胎在第三四周时就已经有脚,出生后几个月就会站立,1周岁左右即可学步,从而开始人的走路历程。那么,我们一生要走多少路呢? 很多人给出了不同的答案。英国一家制鞋公司的资料说,现代人一生大约要走4.2万千米。而也有人说,一个人毕生约需步行42万千米,这个距离可环绕地球10周。虽然这些数据不一,但都证明,即使在现代交通如此发达的今天,靠脚走路仍是我们生活中不可或缺的方式。

人们叫它"脚部反射区"。中医学研究认为,人的脚底穴位很多,约有70多个,人体有6条经络起止于脚上,所以脚也被称作人的"第二心脏"。中医里的足部按摩就是依据这个反射区原理,利用刺激、按摩脚部经络的手法达到保健效果的。另外,经常弯弯脚趾、散散步,或踩鹅卵石、用热水泡脚等,都有促进脚部血液流畅,把远端血推向心脏和全身,防治疾病、健身益寿的功效。

　　要是你闭起眼睛,沿着正前方的一条直线走,不用走多远,你就可能向左偏移。这种"左倾现象"正是造成夜晚迷路者兜圈子的原因,过去迷信的人们不明白其中的道理,称这种现象为"鬼打墙"。挪威一生物学家指出,人走路时能保持直线方向,主要靠大脑和眼睛。如果仅就双脚来说,一般人的右侧腿脚肌肉总比左侧发达,右脚跨步大于左脚,所以不知不觉就向左偏了,因此人在黑夜看不到目标时,就可能兜起圈子来。

　　有研究发现,无论男女,双脚并立时,左脚接地面积均比右脚大。所以,一些学者认为,左脚主要起着支撑身体重力的作用,而右脚则用来做各种动作。由于脚部能够承受非常大的重量,所以很多体育比赛都离不开脚,尤其是足球运动。

# 关节与运动

关节是连接人体骨骼的一个重要环节，是人体能够灵活自如运动的支撑点，人体运动系统所有的活动都离不开关节的作用。关节由关节囊、关节面和关节腔构成，关节囊包围在关节外面，关节内的光滑面被称为关节面，关节内的空腔部分为关节腔。正常时，关节腔内有少量液体，以减少关节运动时的摩擦。关节生病时，可使关节腔内液体增多，形成关节积液和肿大。我们一般所说的关节是指活动关节，如四肢的肩、肘、指、髋、膝等关节。关节周围有许多肌肉附着，当肌肉收缩时，可作伸屈、外展、内收以及环转等运动。

关节的各个组成部分功能各不相同，关节面上有一凸一凹的关节头和关节窝，上面覆盖着软骨，这使得关节能如机械齿轮一样连接起骨骼。关节囊附着在关节面周围，相当于齿轮上的润滑剂，能帮助骨骼灵活地运动。关节腔作为关节囊密封起来的空间，它可以承受力量，从而使关节更加稳定。

关节分为活动关节和不动关节两类，能伸屈旋转活动的关节是活动关节。在人体众多的关节之中，有7大关节最为重要，它们分别是肩关节、肘关节、桡腕关节、髋关节、膝关节、距小腿关节和下颌关节。这7大关节的形态各不相同，分属也不相同。比如，桡腕关节属于椭圆关节，可以做环转运动，而髋关节则属于杵臼关节，比较稳定。这两类关节都是活动关节。不动关节是一类

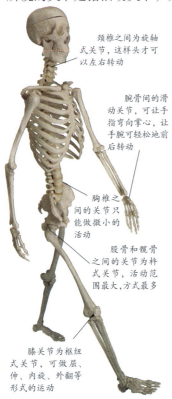

颈椎之间为旋轴式关节，这样头才可以左右转动

腕骨间的滑动关节，可让手指弯向掌心，让手腕可轻松地前后转动

胸椎之间的关节只能做微小的活动

股骨和髋骨之间的关节为杵式关节，活动范围最大，方式最多

膝关节为枢纽式关节，可做屈、伸、内旋、外翻等形式的运动

▲ 人体骨骼构成图

● **小贴士** ▶ ▶ ▶

　　在关节的连接处都有一层光滑的、薄薄的关节软骨包被,我们称为关节软骨。软骨是关节面的保护垫,它富有弹性,主要对人体起缓冲保护作用。关节软骨有一种由特殊的叫做致密结缔组织的胶原纤维构成的基本框架,这种框架呈半环形,类似拱形球门,框架的底端紧紧附着在下面的骨质上,上端朝向关节面。这种结构使关节软骨紧紧与骨结合起来而不会掉下来,同时当骨受到压力时,还可以有少许的变形,起到缓冲压力的作用。

不能做伸屈旋转活动的关节, 如腰骶关节, 骶尾关节等。

　　有时候我们在活动手指时常听到"啪啪"的声音, 这常让我们误以为是关节发出的声音。事实上, 关节是不会发出声音的, 这种声音的真正制造者, 是藏在关节囊滑液里的"气体"。在人体关节囊里的滑液相当于润滑剂, 它的里面包着含有丰富氮元素的可溶解气体。当我们伸展关节时, 实际上是在压缩这种滑液, 于是里面的气体就会逸出, 我们就能听到关节"发声"了。研究发现, 气体被释放出去以后, 关节的柔韧度会变得更好。但是我们无法让同一个关节立刻再发出啪啪声, 因为释放出去的气体必须被液体重新吸收后, 它才能再次发出声音。虽然关节发声对人体有一定好处, 但同时它也会减弱关节的握力。

　　关节和身体其他部位一样, 越用越灵活, 不用则会退化。现代社会科技的进步, 使人们变得越来越懒。办公室里体重超标的白领越来越多, 身体过重会使关节长期超负荷支撑并加速关节的磨损。随着有车族阵容的不断扩大, 经常开车的人群的双腿关节也在逐渐退化, 这是因为关节欠缺活动, 变得僵硬而导致的。

　　怎样让我们的身体关节保持灵活自如呢? 医生告诉我们, 最简单的办法就是坚持"常走少站、长站少坐、能坐不卧"等原则, 而最根本的办法当然就是经常去参加各种体育活动, 锻炼身体。

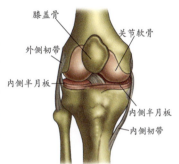

膝盖骨
关节软骨
外侧韧带
内侧半月板
内侧半月板
内侧韧带

▲　膝关节结构图

↙　人体最大的关节就是膝关节,它也能承受很大的重量。膝关节可以做屈伸、内旋、外翻等形式的动作。

# 肌　肉

如果说骨骼构成了我们人体这部复杂机器的钢筋之身，那么肌肉就可看做是我们人体自由伸缩的引擎了，结实的骨骼和强健的肌肉共同打造出了我们的血肉之躯。

人体的肌肉按结构和功能的不同，主要分为平滑肌、心肌和骨骼肌三种。平滑肌主要构成内脏和血管，具有舒缩缓慢、持久、不易疲劳等特点；心肌主要构成心壁。平滑肌和心肌都不随人的意志任意舒缩，故又称不随意肌。

骨骼肌主要分布于人体头、颈、躯干和四肢等部位，通常附着于骨骼之上。骨骼肌收缩迅速、有力、容易疲劳，但可随人的意志舒缩，故称随意肌。骨骼肌是人体运动系统的动力部分，在神经系统的支配下，骨骼肌在舒缩过程中会牵引骨产生运动。

嚼肌能使张开的嘴闭合

腹直肌位于肚脐两侧，收缩时可紧绷住松软的腹部

收大肌将大腿拉向身躯中心

↑ 在大脑的支配下，肌肉协助骨骼和关节帮助我们完成各种动作。

人体的每块骨骼肌不论大小如何，都具有一定的形态、结构、位置和辅助装置，并有丰富的血管和淋巴管分布，受一定的神经支配，因此，每块骨骼肌都可以看做是一个器官。人体的肌肉按照不同部位可分为头肌、躯

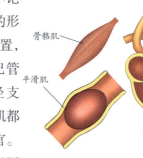

骨骼肌

平滑肌

心肌

↑ 肌肉的种类

● 小贴士 ▶ ▶ ▶

　　人的大脑可以决定什么时候以及怎样牵动骨骼肌，但大脑并不能够时刻察觉这种变化。有的时候你可能会微微调整姿势以保持平衡，不过这种姿势的改变很多时候你自己并不会发现，但这种动态的平衡却一直在发生着。人体中有些肌肉是我们无法随意控制的，那里有许多非随意肌。比如我们的胃部就有三种非随意肌负责碾碎食物，小肠里有两种，它们像蛇一样负责挤压食物，然后再拉长往前推。除此之外，非随意肌还帮助我们的心脏持续跳动。

干肌和四肢肌。头肌可分为面肌，即表情肌和咀嚼肌两部分；躯干肌可分为背肌、胸肌、腹肌和膈肌；上肢肌可分为上臂肌前群和上臂肌后群两部分，前者由肱二头肌、喙肱肌、肱肌组成，后者由肱三头肌、肘肌组成；下肢肌按所在部位分为髋肌、大腿肌、小腿肌和足肌，均比上肢肌粗壮，这与支持体重、维持人体直立及行走有关。

▲　人体中的肌肉纤维能控制我们的每个动作，从轻轻眨眼到微笑，都离不开肌肉的舒缩。

　　如果我们能够缩小成小小的细胞，随意进入人的身体，那么当我们来到肌肉群中时，就会发现肌肉是由一道道钢缆一样的肌纤维捆扎起来的。这些钢缆组合成较粗较长的缆绳群组，当肌肉用力时，它们能够像弹簧一样产生一伸一缩的张力。在那些最粗的缆索之内，有肌纤维、神经、血管，以及结缔组织。每根肌纤维都是由较小的肌原纤维组成的，每根肌原纤维，则是由缠在一起的两种丝状蛋白质——肌凝蛋白和肌动蛋白组成。这两种蛋白质就是形成肌肉的最基本单位，当看到电视上那些大力士们突起的大块肌肉时，你能想象它们全是由这两种小得肉眼看不到的蛋白组合成的吗？

　　在人体肌肉中，正是这些成千上万细微的纤维集结成肌肉束，从而形成我们完整的肌肉系统。

◀　我们身体里每一个动作的力量都来自肌肉，肌肉使我们能够奔跑、跳跃和说话。

# 人体皮肤

人的皮肤与动物的表皮不同，我们的身体虽然也有毛发，但仅仅局限于头部、腋窝等少数部位。我们能感受冷、热、触、痛等刺激，这都依赖于皮肤，它是人体最贴身、最理想的外衣。别看这件外衣"单薄"，却也有着复杂的结构。

皮肤是人体最外层的组织，也是人体最大的器官，直接与外部环境接触。皮肤分为三层，最外面的叫表皮，富有弹性和韧性，经得住摩擦和挤压，它里面还埋伏着很多血管和感觉器官；第二层是真皮层，如果划破了真皮层，人体就会感到疼痛并流血；皮肤最里面的叫皮下组织，它像棉花一样垫在真皮下面，既保温又可以缓冲压力。这里有大量脂肪散布在结缔组织形成的网眼里，又有血管神经交错环绕，从而构成海绵状的缓冲地带。皮肤不仅指包裹全身的这件外衣，还包括点缀在上面的毛发、指甲等附属器官。

**知识拓展**

人们按照不同颜色的皮肤，将世界上的人分为不同的人种。人类的皮肤已知的大约有6种颜色：红、黄、棕、蓝、黑和白色，这是因为皮肤内黑色素的数量及分布情况不同造成的。其中黑色素是一种蛋白质衍生物，呈褐色或黑色，由黑色素细胞产生。

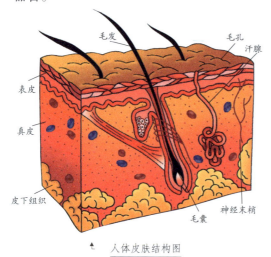

人体皮肤结构图

皮肤是身体与外界接触的第一道防线，因为具有大量脂肪分布在皮下组织里，所以皮肤可以减轻来自人体外部的各种摩擦或挤压，另外，它还能防御阳光对身体的伤害，保护我们的内部器官。除此之外，皮肤还是保护人体的"边防军"，能防止病菌侵入，时刻保卫身体的安全。皮肤里有无数个感受器，能随时向大脑传递冷、热、痛的感觉和各种触觉；汗腺和皮脂腺分泌的乳酸和脂肪酸，更是消灭病菌、病毒的高效

当我们运动过后，皮肤的汗腺分泌汗液，起到降低身体温度的作用。

"化学武器"。除了这些，皮肤还具有防止体内水分流失、控制体外水分进来的作用。

皮肤是人体主要的散热器官，经皮肤直接散热的方式有辐射、传导、对流和蒸发四种。

辐射散热取决于体温与周围温度之差，差值愈大辐射散热就愈多，相反，若周围温度高于体温时，机体不仅不能通过辐射散热，反而会造成吸热；传导是人体将体热直接传给与之接触的较冷物体的一种散热方式；对流是通过体表和外界流体比如空气的接触，把热传递给流体，带走热量。比如你给手背上吹风，会觉得凉快，这就是利用对流散热；当环境温度高于人体体温时，蒸发是唯一的散热途径。

我们知道人体所有组织都是由细胞构成的，细胞有衰老死亡，所以皮肤也有生老病死。我们的皮肤之所以能保持娇嫩柔滑，就与皮肤的新陈代谢分不开。每天我们的皮肤就有一二百万个皮肤细胞生长出来，也有一二百万个皮肤细胞老化、死去。皮肤角质层脱落下来的皮屑，就是已经死亡的皮肤。

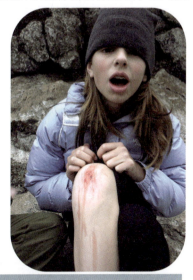

皮肤还通过分泌汗液中的盐分、尿素等来排泄身体的废物。在排毒的同时，皮肤也在吸收营养，这种吸收过程比较缓慢，比如当我们生病时，医生开的外用药贴，就是利用皮肤的吸收功能来达到治疗效果的。

→ 皮肤一旦受到伤害，如果伤口轻微的话，身体可以自行产生胶原蛋白和纤维蛋白去修复伤口。但假若伤口太大，就要进行植皮手术。

## ● 小贴士 ▶ ▶ ▶

指纹是指人的手指末一节指腹上由凹凸的皮肤组成的网络纹路，这些纹路的形状千变万化，而且每个人都有自己的指纹，不会相同。造成这种情况的原因，有研究认为主要与遗传和皮下纤维组织排列方式、牵引张力不同有关。指纹可以反映出人体大量有价值的信息，比如体内新陈代谢的状况、心理状态和健康状况等。另外由于指纹具有独一无二的特性，刑侦机关更是经常通过对指纹的分析，判断和查找犯罪嫌疑人。

# 毛发和指甲

动物身上的毛、角、爪、蹄等是它们皮肤的衍生物，而人体皮肤的衍生物主要是毛发和指甲等。人类的指甲虽也以与动物脚爪相同的方式生长，但形状却与它们不同；而遍布人体全身的细小毛发，相比动物的皮毛，它们看起来更短、更细小，也没有动物那么密集，于是人类光滑的皮肤成为我们与众不同的标志。

指甲是指（趾）端表皮角质化的产物，起保护指（趾）端的作用，这一点在人和大猩猩身上是一样的。作为皮肤的附件之一，指甲有其特定的功能，医生们常常可以通过指甲判断一个人的健康状况。另外，指甲又是手部美容的重点，漂亮的指甲往往可以成为一个人身上的点睛之处，增加魅力。指甲属于皮肤的附属器官，对人体有很大的作用：它像坚实的盾牌一样，保护末节指腹免受损伤；除了可以增强手指触觉的敏感性，它还可以协助指头完成各种抓、挟、捏、挤等灵活的动作；由于甲床血供应丰富，所以指甲也有调节体温和肢体末梢血供应的作用。

一个健康人的指甲具有以下的特征：甲色均匀，呈淡

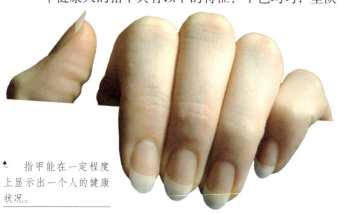

↖ 指甲能在一定程度上显示出一个人的健康状况。

指甲

↑ 指甲剖面图

130

● **小贴士** ▶ ▶ ▶

　　头发有光泽是健康的表现，干涩的头发则表明皮脂腺分泌有问题。保护头发，既要注意身体锻炼和饮食营养的搭配，日常生活中还要注意不要过多使用碱性肥皂洗浴，以免影响到皮肤质脂膜，从而影响到毛发。另外，保持一头自然的发色其实也是对头发的一种保护，染发可能会更好看，但对头发而言，却是弊大于益。

粉红色；甲质坚韧，厚薄适中、软硬适度、不易折断；表面光滑，有光泽、无分层、纹路；甲缘整齐，无缺损（外力原因除外）；指甲根部的半月痕以乳白色为宜（最好 10 个指甲均有）。有时我们可以通过指甲这种身体表象的变化来判断身体是否健康，当然这只能作为参考。如果身体真有不适，最好还是要去医院检查。

　　经过漫长的进化，人类的体毛所剩无几，大部分退化为细微柔弱的汗毛。不过人类的头发在动物界却有个独一无二的特征，即头发是动物界里唯一可以始终生长的毛发。至于这是为什么，人们现在还没搞清楚。

　　人体的头发、胡须、眉毛、睫毛、汗毛、腋毛、阴毛都是人体的毛发，它和指甲共同构成了人体皮肤的衍生物。人体皮肤上的毛发好像生长在田野里的庄稼，露在外面的是毛干，皮肤里面的是毛根。毛根通过毛细血管吸收营养，使毛发生长，它由毛囊所包，毛囊外面又有一小束肌肉，叫做毛肌，人体表面的"鸡皮疙瘩"就是毛肌收缩的表现。当皮肤受到冷刺激时，敏锐的神经会将感觉传输到"大脑"，在收到大脑发出的竖起保护墙、阻止热量流失的命令后，皮肤内的肌肉就迅速收缩，使汗毛直立，并带起一小部分皮肤，于是就形成了我们所说的"鸡皮疙瘩"。

　　退化了的汗毛已经失去保暖的作用，但仍可以防止污物或灰尘进入皮肤。

　　一头黑亮的头发，不仅从外形上让人感到清爽美观，而且也是一种健康的标志。我们的头发都有哪些秘密呢？头发具有吸水性，一般的正常头发中含水量占头发自身重量的 10% 左右；头发具有弹性，这是指头发能拉到最长程度后，仍然能恢复原状；头发具有张力，这是指头发拉到极限而不至于断裂的能力；头发还具有多孔性，这也是为什么我们能够染发的原因所在。

# 牙齿

哺乳动物几乎都有牙齿，一些食肉动物的尖牙利齿更是它们捕食的重要工具。对人而言，坚固结实的牙齿也是我们身体健康的重要保证。牙齿帮助我们咀嚼食物，使我们的身体更好地吸收食物中的营养。

对人类来说牙齿还是我们说话发音的主要生理结构，人类的说话、歌唱主要就是依赖牙齿、舌头和口腔的合作。随着人们生活质量的不断提高，人们对牙齿的要求，已经不再仅仅停留在坚固耐用的程度上，牙齿的整洁美观更是得到越来越多的重视，成为人们外貌形象的重要体现。

人是最高级的一类哺乳动物，哺乳动物与爬行类祖先的重要分水岭不是胎生，也不是分泌乳汁，而是牙齿的分化以及二出齿的出现。所谓二出齿指的是哺乳动物的一生有两套牙齿，即通常所说的乳牙和恒牙，而爬行类动物一生则可以不断换牙。

牙齿的分化帮助哺乳类更好地进化，相反，爬行类则因为一生不断换牙，而使咀嚼功能受到影响，从而影响了自身的进化。进化使得哺乳动物在咀嚼食物时，上下牙齿的咀嚼面完美地闭合在一起，从而极大地增强了咀嚼功能。

牙齿负责对进入口腔的食物进行咬碎、碾磨等粗加工工作，为食物进入胃肠道的消化做事前处理。

对着镜子观察，你会发现牙齿是长在上下颌骨的牙槽里的，平日张口就能看见的是齿冠，像树根一样埋在

**知识拓展**

龋齿是牙病的一种，俗称"虫牙"，它不仅会使我们牙痛，把牙"烂掉"，还能引起多种疾病，严重地损害着人类的健康。所以世界卫生组织认为它是癌症和心血管疾病之外的第三位全球重点防治疾病。要远离牙病，就得坚持早晚刷牙，定期检查牙齿的健康状况等。

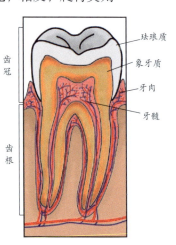

齿冠

齿根

珐琅质

象牙质

牙肉

牙髓

↑ 牙齿构造

● **小贴士** ▶▶▶

智齿是生长在牙龈尽头的大牙,上下左右共 4 颗,俗称"近根牙"。现代人的牙齿在不断变娇、变小、变少,而缺失最多的就是智齿了。现代人先天缺失智齿的已达 20%~25%,即每 4~5 个人中就有 1 个人不长智齿,只有 28 颗牙。这有可能是因为现在的食物咀嚼起来不必太费劲。根据"用进废退"的原则,研究者预言,人类终将会告别智齿。

牙槽里的部分叫齿根。人的牙齿分三类,分别是门牙、犬齿和臼齿。门牙负责切割,犬齿用来撕裂柔韧性强的食物,臼齿长在口腔后面,主要负责普通食物的碾磨,它们共同担负着食物粉碎机的职能。

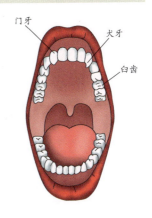

由于人类属于灵长类,所以人的牙齿的布局以及齿式和其他灵长类是一样的。但我们的牙齿与其他灵长类牙齿也有不同,最显著的就是人类的犬齿没有其他灵长类的犬齿长和尖锐。虽然人类的犬齿相比较其他灵长类显著退化,但比起我们自身的其他牙齿来说,犬齿仍然是最强壮的。犬齿的齿根比其他所有牙齿的齿根都要长而粗壮,并深深地嵌入到颌骨之中。人的犬齿有性别差异,在尸骨的性别鉴定中,这是一个重要参考。

牙齿的生长与骨骼有一定关系,但二者在胚胎形成时期的成因不完全相同,因而牙齿与骨骼的生长也并不完全平行。

人刚出生时乳牙已经骨化,乳牙芽孢隐藏在颌骨中,被牙龈覆盖;而恒牙的骨化则从新生儿期开始,一般 18 ~ 24 个月的婴幼儿第三恒臼齿也会基本骨化。人一生有乳牙和恒牙两副牙齿,出生后 4~10 个月乳牙开始萌出,12 个月后未萌出者为乳牙萌出延迟。乳牙萌出顺序一般为下颌先于上颌、自前向后,约于 2.5 岁时乳牙会全部长出。婴幼儿的乳牙萌出时间往往因人而异,这与个体的遗传、内分泌、食物性状有关。

↓ 人的一生共有两副牙齿:乳牙和恒牙。乳牙是在出生半月后萌出,两岁半后出齐,数量为 20 颗;在 7 岁后,乳牙开始脱落,被恒牙代替。恒牙数目一般为 28 到 32 颗。

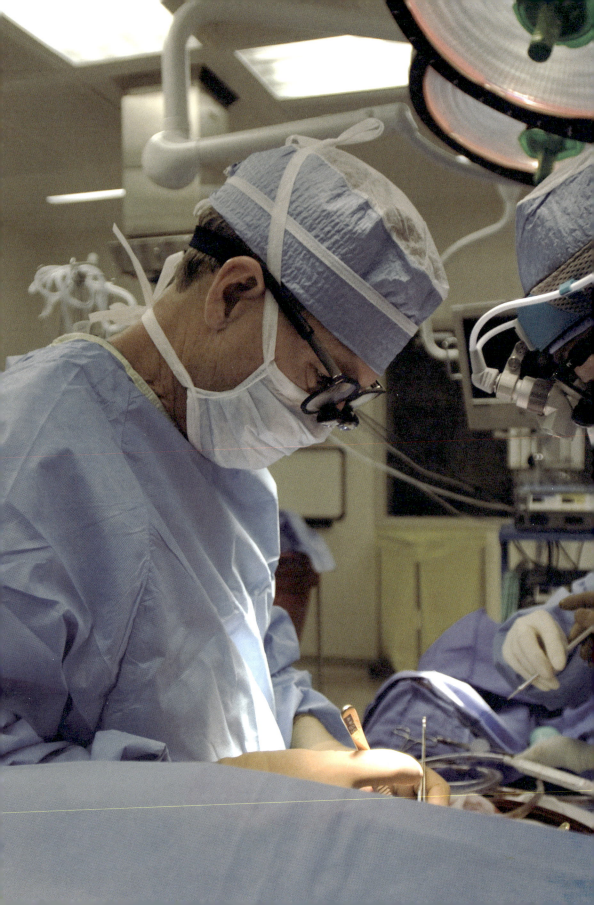

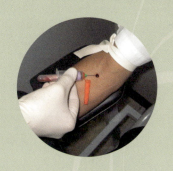

# 医疗科技

　　虽然人体被赞为"大自然的杰作"，但这样的杰作在成长的过程中也并非一帆风顺。各种意想不到的天灾人祸、疾病侵袭会令人体陷入困境，甚至濒于死亡。从人类诞生之初，我们就一直与各种疾病做抗争，以保护自己。当仅仅依靠自身的能力无法保障生命健康时，我们就发明了各种医疗设备和技术，通过这些手段让生命得以延续。

# 激光治疗仪

激光是继原子能、计算机、半导体以来，20世纪人类最伟大的发明之一，被称为"最快的刀""最准的尺""最亮的光"。随着人们对激光日益深入的研究，激光也开始被广泛应用到了众多领域。

20世纪90年代初，俄罗斯首先将低强度激光应用于医学治疗。其研发的激光能量导入仪曾被俄罗斯宇航员带入太空，作为辅助治疗和保健的一种重要工具。这一消息在当时令全世界医学界为之震惊，激光由此获得了"生命之光"的赞誉。近年来，欧洲的好多国家、美国、日本等已经将低强度激光疗法转移到民间，作为保健、医疗、抗衰老的重要推广项目，低强度激光疗法因此被称为"21世纪的绿色疗法"。

用低强度激光进行照射治疗的技术，在目前的医疗实践中已经得到了肯定。激光治疗方法主要应用在脑部疾病、心血管疾病、糖尿病、恶性肿瘤、白血病、精神科疾病、银屑病、鼻炎等病症。激光治疗中的主要设备，就是我们通常所闻的激光治疗仪。激光治疗仪是通过特定强度的激光照射，使得人体组织产生一系列的应答反应，同时引起广泛的人体生物学效应，达到维护人体健康、治疗疾病目的的医疗技术。

激光治疗具有改变血液性质，降低人体血液黏度及血小板凝集的能力；促进三磷酸腺苷酶的生成；增加红细胞的变形能力、流动性，提高红细胞携氧能力；增强人体组织对氧的利用、促进机

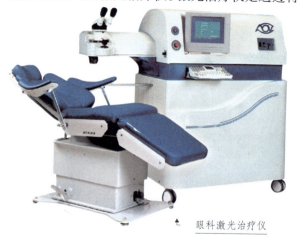
眼科激光治疗仪

**知识拓展**

处于亚健康状态的中老年人使用激光治疗仪可以调节血脂、血糖、血压，恢复正常的生理功能，提高机体免疫功能，从而预防缺血、缺氧性疾病的发生，对一般中老年人则有延缓衰老、促进消化、增强体质、安神利眠等功效。

● 小贴士 ▶▶▶

目前实践中所应用的激光治疗仪从治疗功效上可分为高血脂治疗仪、脑血栓治疗仪、冠心病治疗仪等,这些医疗设备在人类抗击疾病的一线战场发挥着重要的作用。

体代谢机能;改善人体微循环;净化血液、清除血液中的毒素、自由基,分解、消融、清除血栓和动脉硬化斑块,调节机体免疫力等功能。

自从 1960 年第一台红宝石激光器问世之后,激光治疗技术的发展便突飞猛进。仅在相隔一年之后,1961 年世界首台红宝石视网膜激光凝固机就开始在眼科使用;1963 年,激光手术开始应用于治疗肿瘤;1970 年,激光被用于治疗高血压等内科疾病;1973 年,奥地利医学工作者开始了用激光代替针灸的实验;1975 年第一台激光针灸仪开始用于治疗经络疾病。科技的发展为人类的医疗技术插上了腾飞的翅膀,从而也使人类的生命健康得到更多保障。

激光治疗仪是如何工作,又是根据怎样的原理呢?

医学研究发现,人体缺血性疾病的发生不单纯是由血流的紊乱和运行障碍所引起的,氧气输送的紊乱和受阻也是导致该类疾病的重要原因,而且后者还被认为是缺血性疾病的最主要病因。基于此,治疗缺血性疾病的最根本方法就是纠正和改善氧气输送的内部环境,以此来提高血液的输氧能力。另外,也有研究认为人体是一个有机的、开放的、巨大而复杂的系统,人体生理功能不仅受到体内各功能系统相互之间的交流和调节的影响,也会受到外界物质、能量和信息的影响。而激光治疗技术正好具备改善人体血液运输的内部环境,通过外界的因素去刺激人体体液系统(包括血液、淋巴液和唾液)、神经系统和经络系统,来调节人体组织器官及整体功能的作用。

下图为正在进行中的激光外科手术。当我们用具备适当波长和一定功率密度的弱激光照射病患机体时,能引起机体的应答反应——激光生物效应,这些生物效应可被用来治病和保健。这就是激光的医疗原理。

137

# 核磁共振成像仪

核磁共振又叫核磁共振成像技术，核磁共振成像仪就是利用这项技术进行疾病诊断的一种医疗设备。

20世纪30年代，美国物理学家伊西多·拉比发现，在磁场中的原子核会沿磁场方向呈正向或反向有序平行排列，而向其发射无线电波之后，原子核的自旋方向会发生翻转。这是人类关于原子核与磁场以及外加射频场相互作用的最早认识，拉比也因为这项研究发现，获得了1944年的诺贝尔物理学奖。

1946年，另外两位美国的科学家布洛赫和珀塞尔发现，将具有奇数个核子（包括质子和中子）的原子核置于磁场中，再通过具有特定频率的射频场对其进行干扰，会发生原子核吸收射频场能量的现象，这就是人们最初对核磁共振现象的认识。因为这项发现，布洛赫与珀塞尔共同获得了1952年的诺贝尔物理学奖。

早期的核磁共振技术主要用于对原子核结构和性质的研究，化学家利用分子结构对氢原子周围磁场产生的影响，发展出了核磁共振谱，用于解析分子结构。随着时间的推移，核磁共振谱技术不断发展，从最初的一维氢谱发展到碳谱、二维核磁共振谱等高级谱图，核磁共振技术解析分子结构的能力也越来越强。

进入20世纪90年代以后，人们甚至发展出了依靠核磁共振信息确定蛋白质分子三级结构的技术，来精确测定蛋白质分子的结构。伴随核磁共振技术的日益发展，它开始广泛应用于分子组成和分子结构分析，生物组织与活体组织分析、病理分析、医疗诊断等领域，如今已经成为一项常规的医学检测手段。

**知识拓展**

1969年，美国科学家达马迪安通过对核磁共振现象的研究，成功将小鼠的癌细胞与正常组织细胞区分开来。1973年，物理学家保罗·劳特伯尔开发出了基于核磁共振现象的成像技术，利用这个设备，他成功绘制出了一个活体蛤蜊的内部结构图像。

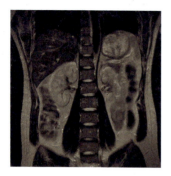

人类腹部冠状切面磁共振影像

核磁共振成像仪的基本工作原理是将人体置于特殊的磁场中，用无线电射频脉冲激发人体内的氢原子核，引起氢原子核共振，并吸收能量。在停止射频脉冲后，氢原子核会按特定频率发出射电信号，并将吸收的能量释放出来，从而被人体外的接收器收录，最后再经电子计算机处理而获得图像。

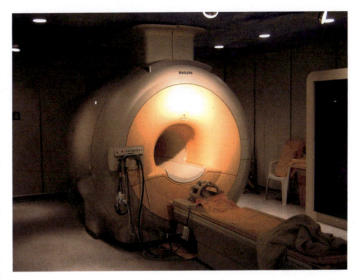

↑ 现代核磁共振成像扫描器。核磁共振技术实际是一种生物磁自旋成像技术，它所提供的信息量不但大于医学影像学中的其他许多成像技术，而且不同于已有的成像技术，这使得它在疾病诊断方面具有很大的潜在优越性。

与 CT 技术相比，核磁共振成像技术不会产生 CT 成像中的伪影；与 X 射线透视技术和放射造影技术相比较，核磁共振成像技术对人体没有辐射影响；相对于超声探测技术，核磁共振成像更加清晰，能够显示更多细节。

但与此同时它也存在不足之处，它的空间分辨率不及 CT，对带有心脏起搏器的患者，或者有某些金属异物的部位不能作检查，另外价格也比较昂贵，往往令普通患者难以承受。但总体说来，该技术仍然是利大于弊，它不仅仅能够显示有形的实体病变，而且还能够对脑、心、肝等器官的功能性反应进行精确判定。现在，该技术已被广泛应用在帕金森氏症、阿尔茨海默氏症、癌症等疾病的诊断。

## ● 小贴士 ▶▶▶

美国科学家保罗·劳特布尔生前致力于核磁共振光谱学及其实际应用方面的研究，他是将核磁共振成像技术推广应用到生物化学和生物物理学领域的主要推动者之一。从 1985 年开始，保罗一直担任美国伊利诺伊大学生物医学核磁共振实验室主任。2003 年，他因在核磁共振成像技术领域的突破性成就，和英国科学家彼得·曼斯菲尔德共享该年度的诺贝尔生理学或医学奖。2007 年 3 月 27 日，保罗在美国伊利诺伊州乌尔班纳市逝世，享年 77 岁。

# 心脏起搏器

心脏起搏器是一类以电池为动力，体积小、具有精敏度高、可靠性好的特点，对人体心脏活动起辅助作用的电子装置。它可以产生连续稳定的电脉冲，由一根电极导管将它的电脉冲传到心脏，刺激心脏收缩。在心脏起搏器的辅助作用下，原本衰弱的心脏可以重新开始健康的跳动。

心脏是人类最重要的器官之一，而千百年来，心脏病始终严重威胁着人类的健康，成为困扰医学界最大的难题之一。通常情况下，如果人的心电系统异常，心脏会跳得很慢，甚至可能完全停止。一旦心脏停止跳动，意味着什么大家可想而知。人工心脏起搏器的发明，使这一医学难题得到了很好的解决。心脏起搏器主要包括体外式和体内埋植式两种。最初的心脏起搏器电池部分装在身体的外部，导线从体外通过静脉到达心脏，这样的设计导致它们只能在医院内短期使用。

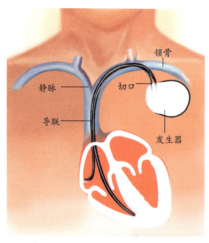

心脏起搏器的置入示意图

锁骨
静脉
切口
导联
发生器

1958 年，一位名叫鲁内·埃尔姆奎斯特的人发明了一个能放在体内的起搏器，其所使用的锌-汞电池可以被埋在皮下。1960 年，瑞典医生奥克·森宁为一位病人植入了这种起搏器，这个起搏器的电池一直使用了 2~3 年才更

心脏起搏器实物。它能够发出有规律的电脉冲，可以对患者的心脏给予直接的电刺激，从而使心脏保持正常的跳动。

换。在 20 世纪 80 年代，人们在起搏器上增加了微处理器，这给病人带来很大便捷，病人只有在感觉需要起搏器时，才启动它。心脏起搏器发展到今天已经变得越来越复杂，它还可以根据血液的湿度来调节心跳。1970 年，巴黎外科医生首次将具有核动力的起搏器装在一个妇女身上，这块核电池预计寿命可达87年。但是因为核能源有放射性，安全和污染问题尚待解决，因而这类起搏器虽然使用寿命较长，但实际应用并不多。

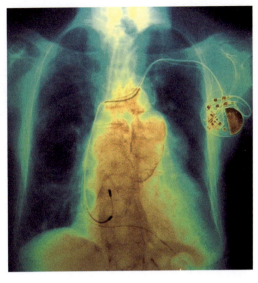

↑ 上图为心脏起搏器在人体内的 X 光影像。1952 年，美国波士顿哈佛医学院的一位医生，在心脏停搏患者的心脏部位和左肋下皮肤处装置了阴阳两个电极，并给予每分钟 90 次的电刺激而使心脏复跳。之后，他又发明了以电池为能源的小型起搏器，这个发明挽救了无数患者的生命。

由于体外式心脏起搏器的使用方法比较简单，所以在对患者进行紧急抢救时可以非常方便地使用。另外，它还可以根据患者的状况变换心跳频率。但是如果长期使用，在放置电极的位置容易发生感染。体内埋置式心脏起搏器的特点主要是将起搏器植入病人的腹部或者腋窝皮下，这对长期使用心脏起搏器的病人非常方便，但是这种起搏器的心跳频率是固定的，因此也会带来各种问题。

近年来人们已经研制出可以变动心跳频率的诱导型起搏器，该起搏器的电极和接收器植于人体体内，但可用发送器在体外控制，可根据情况及时快速变更心跳频率，为病人的生命健康提供了更多保障。但因为心脏起搏器都是电子装置，因而不可避免会受到外界的电磁辐射等干扰。

● **小贴士** ▶ ▶ ▶

心脏起搏器自问世以来，心脏起搏技术不断发展。日新月异的现代科技为心脏起搏器获得更多新的功能、新的装备提供了可能，这不但使起搏器自身更加完善，也使装置了起搏器的病人受益良多。不过，通常装置了心脏起搏器的病人，除了日常的防感染和忌剧烈运动，以防止植入装置移动以外，还须注意另一点：起搏器是靠电力来维持的，它的使用年限与患者对起搏器的依赖程度有关，依赖程度越高，电力损耗越大。

# 放射治疗技术

癌症是困扰现代人的一大病症，即便是在目前医疗水平足够发达的时代，癌症对于普通人而言依然可谓是不治之症。人们一旦被确认患上癌症，面临的不仅仅是死亡，还有这种疾病所带来的病痛折磨。然而，放射治疗技术的出现在很大程度上改变了这种状况。虽然它不能够完全彻底地治愈癌症患者，但是却在延长病人的生存时间、减轻病人的痛苦等方面作出了极大的贡献。

放射治疗的目的是利用放射线的放射性来杀死癌细胞，从而使癌症病灶得到控制。人类利用放射线治疗恶性肿瘤已有很长的历史，常规的放射治疗手段主要包括Y射线和X射线。但是多年的研究和临床实践已经证实，Y射线和X射线进入人体后，其剂量会随射线进入人体的深度而不断衰减，大部分的剂量实际上都损失在了皮肤和肿瘤前面的正常组织中。

为了解决这个实际治疗中的难题，一方面要保证肿瘤组织获得足够的致死剂量，另一方面又要防止正常组织接

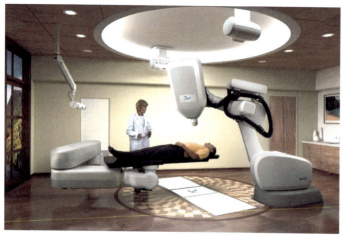

目前放射疗法已成为癌症治疗中的最重要手段之一。随着现代医用图像诊断装置和计算机技术的发展，从20世纪70年代起立体定向放射外科技术开始应用于临床，并进一步产生了可用于治疗脑部肿瘤的静态伽玛刀、旋转式伽玛刀和头部 X 刀三大系列射线手术刀产品。

→ 为免受射线的伤害，放射治疗的医务工作者会进行远距离电脑操作完成相关手术。

受过多的照射剂量而造成不必要的机体损伤，科学家们也是想尽了办法。

传统的多次分割照射方法是人们为解决这一问题想到的一条途径，分割照射方法主要利用正常组织在接受辐照后易于修复，而肿瘤组织不易再生的特点，通过剂量的多次累加，以达到杀死肿瘤细胞的目的。常规放疗技术和相关设备在数十年的不断发展中，曾作出了大量的改进，治疗的方法和水平也有了大幅度的进步，但总的来说，并未获得预期的治疗效果。其主要缺陷在于缺乏精确的立体定位手段，而仅仅采取固定路径或仅仅是围绕一个中心的照射治疗方法，在最大限度地杀伤肿瘤组织的同时又能避免对健康组织的损伤这点上，很难做到二者兼顾。

1951年，瑞典一神经外科专家率先提出了立体定向放射治疗方法。这种方法通过把放射线从不同方向定向，并直接照准病灶照射的方式，在病灶中心形成大剂量聚焦效果的同时，也保证了对健康组织不会造成损伤。该方法的问世，在很大程度上使得此前的常规放疗手段面貌得以改观，从而真正达到了令病变组织坏死，通过手术切除肿瘤的效果。能够对癌症病灶组织进行准确而均匀的剂量照射，是立体定向放射治疗方法的一大特点。

立体定向放射疗法和计算机治疗计划系统的整合，给现代医疗科技带来了一场革命性的变化，从而使放射治疗方式能像外科手术一样切除肿瘤，并获得了"射线手术刀"之称。

● **小贴士** ▸▸▸

　　全身伽玛刀是放射治疗主要设备类型之一，其总体结构布局、放射源的分布、屏蔽与防护以及人体的全身立体定位相比其他放疗设备更为复杂。全身伽玛刀由辐射单元、屏蔽支架结构、治疗床、立体定位系统、电气传动与控制系统，以及治疗计划系统组成。全身伽玛刀的治疗床和立体定位系统比较特殊，它由一个三维平台和活动床组成，人体可被固定在活动床上。考虑到人体呼吸和内脏器官的蠕动，用一套三维随动系统跟踪病灶，实现实时定位。

# B 超和彩超

怀孕中的妇女需要经常到医院进行检查，以了解腹中胎儿的生长发育状况。我们可能会在电视上看到这样的画面，医生坐在一部带有屏幕的设备旁边，当他用某种东西在孕妇的腹部轻轻扫过，旁边那台设备的屏幕上就会出现一组闪动的画面。虽然我们自己可能看不懂，但是医生却会通过这个仪器准确掌握胎儿的生长状况。这个检查过程，我们通常称为 B 超检查。

所谓 B 超，其实就是利用超声波成像来观察和检测人体健康状况的一种技术。说到 B 超，我们需要先了解一下超声波。我们知道，人耳能听到的声音频率为 20~20 千赫兹，通常我们把低于 20 赫兹的声波称为次声波；把高于 20 千赫兹的声波称为超声波。无论次声波还是超声波，人耳都是听不见的。虽然超声波人耳听不到，但是它却被广泛应用在医疗领域，这是为什么呢？原来，超声波具有下面的几个特点：超声波频率高、波长短，可以像光那样沿

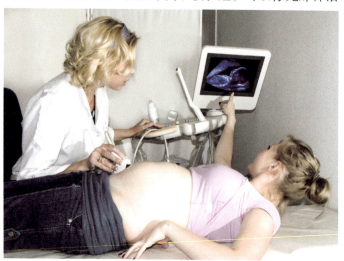

← B 超成像的基本原理，简单说来就是这样一个过程：先向人体发射一组超声波，按一定的方向进行扫描。根据监测该超声波回声的延迟时间、强弱，就可判断脏器的距离及性质。该声波经过电子电路和计算机的处理，即可形成 B 超图像。

直线传播，这使得我们有可能向某个已确定方向上发射超声波；超声波是纵波，可以顺利地在人体组织里传播；超声波遇到不同的介质交接面时，会产生反射波。正是这几个特点，使得超声波在医学实践中大放异彩。但是，B超是如何一回事，超声波又是如何成像的呢？

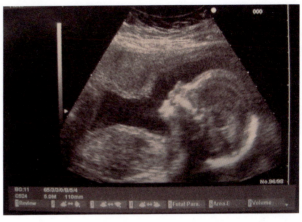

↑　B超诊断仪器观测到的胎儿影像。B超既有黑白的，也有彩色的，我们称彩色B超为彩超。彩超虽然具有颜色，但那并不是人体组织的真正颜色，而是在黑白B超图像基础上，加以"多普勒效应"原理为基础的伪彩形成的。

　　要想回答这两个问题，需要先来了解一下B超的基本组成。B超的关键部件叫超声探头，这是一个内部装有一组超声换能器，由一组具有压电效应的特殊晶体制成的装置。超声探头里的压电晶体具有特殊的性质，它能在自身特定方向上施加电压，从而使晶体发生形变；反过来，当晶体发生形变时，对应方向上也会对晶体本身产生相应的电压，于是这就实现了电信号与超声波的转换。

　　当医生开始对孕妇进行B超检查时，B超探头会在获得激励脉冲后发射超声波，在经过一段时间延迟后，探头又会接收到反射回的回声信号。这些接收回来的回声信号经过探头的"过滤"、放大等信号处理，然后经数字变换形成数字信号。这些数字信号会被进一步地进行图像处理，再同图表形成电路、测量电路一起合成视频信号，等显示器接收到视频信号后，就形成了我们所熟悉的B超图像，也就是二维黑白超声图像。

● **小贴士** ▶ ▶ ▶

　　现在的医学实践中，除了B超、彩超，还有一种叫超声频移诊断法的技术，即D超，D超主要是应用"多普勒效应"原理来探测血液流动和脏器活动。当声源与接收体（探头和反射体）之间有相对运动时，回声的频率会有所改变，此种频率的变化被称为频移。运用这种方法可获得因回声频率变化（多普勒效应）而产生的信号音图、曲线图及多普勒图像，可对血流进行听诊、测速，获得人体脏器横断面、纵剖面及侧面投影图。

# 心电图

心电图指的是心脏在每个心动周期中，起搏点、心房、心室相继兴奋，从而引起心脏生物电的变化，通过心电描记器从体表引出这些多种形式的电位变化的图形。

研究发现，人体心脏周围的组织和体液都能导电，因此人体从某种程度上也可看成是一个具有长、宽、厚三度空间的容积导体。在这个导体中，心脏好比电源。由于组成心脏的心肌细胞细胞膜膜外带正电荷，膜内则带有同等数量的负电荷，这两个电荷聚集处距离又很近，因而心肌细胞可以被看成是一个总体，我们称为电偶。其中带正电荷的膜外部分称为电偶的电源，带负电荷的膜内部分为电偶的电穴，电源和电穴共同构成心肌电偶的两极。同时我们又将这二者间的连线称为电偶轴，电偶轴的方向由电穴指向电源，两极间连线的中点为电偶中心。

我们知道在物理学上，用来表明既有数量大小，又有方向性的量叫做向量，也称矢量。因为心肌细胞形成的电偶既有数量大小，又有方向性，所以又被称为电偶向量。电偶向量可以看做是单个心肌细胞的心电向量，它的数量大小就是电偶的电动势，心电向量的方向就是电偶的方向。

生物学告诉我们，生物电形成的实质是生物细胞中带电离子的运动引起的。当人体中的心肌细胞在刺激作用下发生兴奋时，由于钠通道的开放，带正电的钠离子会顺着细胞液的浓度梯度从人体细胞膜外进入细胞膜内，从而使心肌细胞膜内的负电位迅速转为正电位，医学上称这一过程为心脏除极。同理，心肌细胞也存在复极现象，

◀ 心电图监测通常是在肢体上放置2个以上的电极，并两两组成一对进行测量，通过对每对电极输出的信号来观察心脏电流的变化。

● **小贴士** ▶▶▶

根据动作电位的形态和电生理特点，心肌细胞可分为两大类：快反应细胞与慢反应细胞。当人体没有受到外部刺激时，细胞膜外任何两点间电位都相等，没有电位差。当心肌细胞受到刺激开始除极时，电穴与电源间会形成电位差，产生电流。电流不断由电源流向电穴，随后电源部分也开始除极，并进而变成电穴。这个程序会不断持续下去，直至整个细胞乃至心脏完全除极。除极完毕后，整个细胞的电极会完全逆转，膜内带正电荷，膜外带负电荷。

我们前面一直提到的心电向量就是在除极、复极的过程中产生的。

由于组成心脏的无数心肌细胞动作电位变化的总和可以传导并反映到人的体表。鉴于此，当心电向量通过人体这个容积导电传至身体各部，产生电位差并形成电传变化时，将外部电源的两电极置于人体的任何两点并与心电图机连接，这时就可以描记出心电图了；而这种放置电极并与心电图机连接的线路，我们称为心电图导联。

现在我们基本上可以了解了，心电图就是以一个个心肌细胞的电激动为基础，利用心脏细胞的这种电传变化来描述整个心脏电激动综合过程的图像方法。

通常我们会在监测器上看到人的心电图呈波状，一旦人的心脏停止跳动，监测器上波状图像就会呈一条直线。心电图之所以会出现这样的变化，与心脏的活力大小有关。

心脏在跳动过程中会消耗能量做功，基于此人们将心脏电活动按力学原理，归结为一系列的瞬间心电综合向量。

在每一心动周期中，心脏生物电作空间环形运动的轨迹会构成立体心电向量环，通过相关仪器和设备，应用阴极射线示波器，我们就能在屏幕上看到具体的额面、横面和侧面心电图向量环，也即立体向量环在相应平面上的投影。

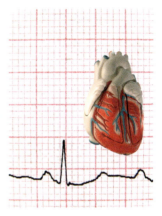

▲ 从心电图的变化上可以知道心脏的跳动有没有规律，即判断有没有心律不齐的疾病。

▼ 下图为一个26岁的男性的心电图。由于心电图是心脏兴奋的发生、传播及恢复过程的客观指标，所以经常用于对各种心律失常、心室心房肥大、心肌梗死、心肌缺血等病症的检查。

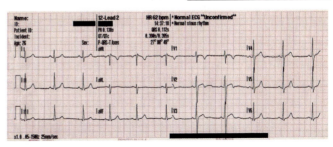

# 透析技术

原子已经是我们所知道的构成物质的基本粒子，不过现在在人们发现原子不但可以分为质子、中子和电子，世界上甚至还有更小的粒子存在，如夸克。就像分子、原子一样，人体细胞虽然小，但依然可以分解成不同组成部分，现代医疗实践中所采用的透析技术，实际就是利用人体细胞的这种结构特性而产生的。

总的来讲，透析就是利用半透膜的选择性，从溶液里分离大分子和小分子的一种分离技术。所谓半透膜，实质是一种只给某种分子或离子扩散进出的薄膜，即对不同物质通过具有选择性的薄膜，如细胞膜、膀胱膜、羊皮纸以及人工制的胶棉薄膜等。实际上，生物吸取养分也是通过半透膜进行的，人体当然也不例外。工业用半透膜是用高分子材料经过特殊工艺制成的，它只允许水分子透过，而不允许溶质通过。有机生命体的半透膜是一种只允许离子和小分子自由通过的膜结构，一般的生物大分子不能自由通过半透膜，这是因为半透膜孔隙的大小比离子和小分子大，但比生物大分子如蛋白质、淀粉要小。

工业生产中,透析技术常常用于除去蛋白质等大分子或核酸样品中的盐、变性剂、还原剂之类的小分子杂质,有时也

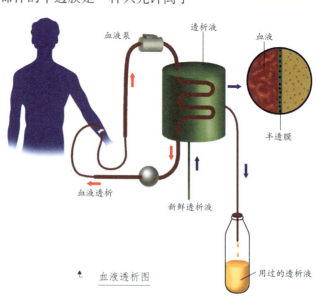

血液泵　透析液　血液
半透膜
血液透析　新鲜透析液　用过的透析液

▲ 血液透析图

用于置换样品缓冲液。在置换样品缓冲液时，样品会先被放在半透膜的一边，缓冲液在另一边。开始换置时，小分子会向两边扩散直到平衡，而大分子则由于半透膜的阻拦而留在一端。通过不断地更换缓冲液，就可将样品中要除掉的小分子稀释到足够低的浓度。在医学中的透析技术，主要被用来代替因为肾衰竭而丧失功能的肾。透析可以被用来救助突然或暂时丧失肾功能的病人，即急性肾衰竭患者；也可被用来救助永久性丧失肾功能的患者，即慢性肾脏病患者。

↑　血液透析机

　　一般来讲，医用透析法有血液透析和腹膜透析两种。血液透析是利用半透膜的原理，将患者血液与透析液同时引进透析器，在透析膜两侧呈反方向流动，凭借半透膜两侧的溶度梯度、渗透梯度和水压梯度，通过弥散、对流、吸附等方式清除毒素；通过超滤和渗透方式清除体内多余的水分，同时补充人体需要的物质，纠正电解质、酸碱平衡紊乱的一种治疗技术。医学上的血液透析，是尿毒症晚期清除体内"毒素"的一种常用治疗方式。人体内的"毒物"包括代谢产物、药物、外源性毒物，只要其原子量或分子量大小适当，通常都能通过透析清除出体外，而透析的基本原理是弥散和对流。

　　腹膜透析主要用于腹膜完整且神志清醒能自我操作腹膜透析器材的病人。另外，因为腹膜透析能够不间断进行，所以在感染控制得当的情况下它的并发症也比较少。大多数情况下，透析病人的生活质量比其他内科慢性病低。因为血透机会直接接触人体循环系统，因而常引起人体低血压、发热、骨质疏松和微量元素失调等副作用。另外，透析通道的卫生学处理也常需要病患及家属密切关注。

### ● 小贴士 ▶ ▶ ▶

　　血液透析机的工作原理是：透析用浓缩液和透析用水经透析液供给系统配制成合格的透析液，通过机器，与血液监护警报系统引出的病人血液进行溶质弥散、渗透和过滤作用；作用后的病人血液通过血液监护警报系统返回病人体内，同时透析用后的液体作为废液由透析液供给系统排出。不断循环往复，完成整个透析过程。血液透析所使用的半透膜厚度为10～20微米，膜上的孔径平均为3纳米，通常蛋白质、病毒、细菌以及血细胞等都是不可透出的。

# CT技术

CT 是一种功能齐全的病情探测仪器，它是电子计算机 X 射线断层扫描技术的简称。

自从 X 射线发现后，医学上就开始用它来探测人体疾病。但是，由于人体内有些器官对 X 射线的吸收极少，因此 X 射线对那些前后重叠的组织的病变往往难以发现。为了解决这一问题，美国与英国的科学家开始寻找一种新的东西，以弥补用 X 射线技术检查人体病变中的不足。

1963 年，美国物理学家科马克，发现人体不同的组织对 X 射线的透过率有所不同，同时他还在研究中得出了一些有关的计算公式，这些公式为后来 CT 的应用奠定了理论基础。1967 年，英国电子工程师亨斯费尔德在毫不知情科马克研究成果的情况下，也开始了研制一种新技术的工作。研究过程中，他制作了一台能加强 X 射线放射源的简单扫描装置，这即是后来的 CT，这部装置主要用于对人的头部进行实验性扫描测量。后来，他又用这种装置去测量人体全身，获得了同样的效果。

**知识拓展**

CT 设备主要由以下部分组成：X 射线管、探测器和扫描架组成扫描部分；计算机系统，主要负责将扫描收集到的信息数据进行储存运算；图像显示和存储系统，负责将经计算机处理、重建的图像显示在电视屏上，或用多幅照相机或激光照相机将图像拍摄下来。

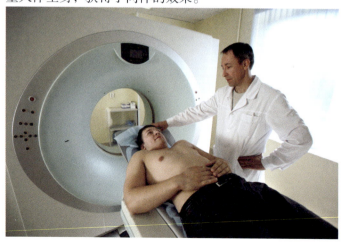

❧ CT能根据人体不同组织对X射线的吸收以及透过率的不同，应用灵敏度极高的仪器对人体进行测量。通过电子计算机对数据进行处理后，再经 CT 机摄下人体被检查部位的断面或立体图像，从而帮助医生发现人体体内任何部位的细小病变。

● **小贴士** ▶▶▶

近些年,CT 技术的发展日新月异。探测器从原始的 1 个发展到现在的多达 4 800 个,扫描方式也从平移/旋转、旋转/旋转、旋转/固定,发展到新近开发的螺旋 CT 扫描。而另一种超高速 CT 扫描的扫描时间更是缩短到了 0.04 秒这么短的时间。由于扫描时间短,每秒可获得多帧图像,因而也避免了运动所产生的伪影。因此,能更好地显示由软组织构成的器官,如脑、脊髓、纵隔、肺、肝、胆、胰以及盆部器官等,并能在解剖图像背景上显示出病变影像。

1971 年 9 月,亨斯费尔德与一位神经放射学家合作,在伦敦郊外一家医院安装了他设计制造的这种装置,开始了 CT 装置的实践工作,这时的 CT 机还主要用于头部检查。10 月 4 日,在这家医院,人类发明的首台 CT 机检查了自己的第一个病人。这次检查过程中,患者在完全清醒的情况下朝天仰卧,X 射线管装在患者的上方,绕检查部位转动,同时患者身体下方被安装了一个计数器。计数器可用来反映人体各部位对 X 射线吸收的多少,这些数据经电子计算机处理后,会使人体各部位的图像从荧屏上显示出来。

亨斯费尔德的这次试验大获成功。1972 年 4 月,亨斯费尔德在英国放射学年会上首次公布了这一结果,CT 技术由此正式诞生。这一消息随即在当时的科技界引起巨大轰动,CT 的研制成功被誉为自伦琴发现 X 射线以后,放射诊断学上最重要的成就。亨斯费尔德和科马克也因此共同获得了 1979 年度的诺贝尔生理学或医学奖。

CT 技术的大量推广和应用,与现代电子计算机技术的进步密不可分,在 CT 机的组成中就有专门的计算机系统。当用 X 射线束对人体某个部位一定厚度的层面进行扫描,由探测器接收透过该层面的 X 射线,转变为可见光后,光信号会转换变为电信号,再经模拟/数字转换器转为数字,输入计算机进行处理。计算机再经数字/模拟转换器把数字矩阵中的每个数字转为由黑到白不等灰度的小方块,即像素,并按矩阵排列,即构成了我们所看到的 CT 图像。

⌐ CT 机在将数字信号处理成图像的过程中,会先将选定层面分成若干个体积相同的长方体,即体素。之前扫描所得的信息经计算后,会得出每个体素 X 射线衰减系数或吸收系数,这些数据会被计算机排列成矩阵,即数字矩阵,并将其存储于磁盘或光盘中。

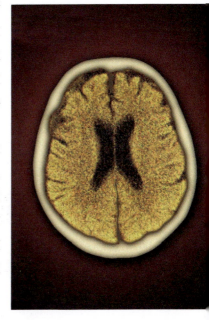

# 血液细胞分析仪

血液细胞分析仪又名血液分析仪，它是一类在医院临床检验中有着广泛应用的仪器。实际应用中的血液细胞分析仪有着各种不同类型，但总的来说，它们都有一套比较相同的组成，通常主要由机械系统、电学系统、血细胞检测系统、血红蛋白测定系统、计算机和键盘控制系统等组成。不过，由于各类血液细胞分析仪的工作职能不同，所以上述的这些系统通常也会以不同形式组成不同的血液分析仪。

血液细胞分析仪的机械系统装置主要有全自动进样针、分血器、稀释器、混匀器、定量装置等。真空泵是血液分析仪机械系统的另一重要组成部分，它和前述的其他装置共同完成血液样品的吸取、稀释、传送、混匀，以及将样品移入各种参数的检测区等任务。此外，机械系统还承担着清洗整个分析仪管道，以及排除废液的功能。血液分析仪的电学系统电路中主要有主电源、电压元器件、控温装置、自动真空泵电子控制系统等装置，主要负责仪器的自动监控、故障报警和排除故障等功能。血液分析仪的血细胞检测技术通常采用电阻抗检测、光散射检测两大类，电阻抗检测系统由信号发生器、放大器、甄别器、阈值调节器、

## 知识拓展

在血液分析仪的取样杯内装有一根吸样管，吸样管下部开有一个宝石制作的微孔。这个宝石微孔的孔径多在 100 微米左右，而人体红、白细胞的直径一般是7~10微米。所以实际中，通常会有两个、三个甚至更多细胞进入小孔"敏感区"。这种现象会干扰到分析仪计算细胞信号脉冲，医学上称这种现象为重合损失。

← 过去，对病人血液细胞的计数都采用的是手工方式：在显微镜下观察病人血液样品制成的血涂片。自动化血液分析仪的出现，使得这项工作变得简单。

## ● 小贴士 ▶▶▶

在血液分析仪血细胞检测系统的两大技术中,光散射检测系统中的激光源多采用氩离子激光器,以提供单色光。检测区域装置主要由鞘流形式的装置构成,以保证细胞混悬液在检测液流中能形成单个排列的细胞流。检测器又分为散射光检测器和荧光检测器两类,其中前者采用的主要设备是光电二极管,可用以收集激光照射细胞后产生的散射光信号;后者系光电倍增管,可用于接受激光照射荧光染色后的细胞所产生的荧光信号。

检测计数系统和自动补偿装置组成;光散射检测系统主要由激光光源、检测区域装置和检测器组成。血液分析仪的血红蛋白测定系统,主要由光源、透镜、滤光片、流动比色池和光电传感器组成;计算机和键盘控制系统是整个仪器人工操作的平台。

科学家们研究发现,人体血细胞是电的不良导体。当我们将血细胞置于电解液中时,由于细胞很小,一般不会阻碍电解液的导电效果。如果构成电路的某一小段电解液截面很小,其尺度与细胞直径相差不多时,那么当有细胞浮游到此时,将明显减少整段电解液所通过的电流量。根据这个原理,当该电解液外接恒流电源时,此时电解液中两极间的电压是增大的,其所产生的电压脉冲信号与血细胞的电阻率成正比。而如果控制定量溶有血细胞的电解溶液,使其从小截面通过,也就是说使血细胞按顺序通过小截面,则由此可得到一连串电脉冲。科学家们通过对这些脉冲进行计数,就可求得血细胞的数量。另外,由于各种血细胞直径不同,所以其电阻率也各不相同,所测得的脉冲幅度也不同。人体血液中,红细胞、白细胞、血小板直径不同,所以它们产生的脉冲幅度也不同,其排列顺序以白细胞最大,红细胞次之,血小板最小。科学家们基于此,创造出了对各种血细胞进行分类计数的方法。

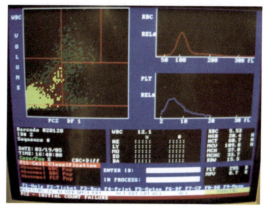

当血液细胞分析仪对血细胞进行计数时,会先将脉冲放大,然后利用脉冲幅度甄别器将幅度较小的血小板脉冲去掉,保留红细胞和白细胞脉冲。由于通常情况下,人体血液中的白细胞数量约小于红细胞数量的1/5,故医学实践中往往通过计量白细胞的总数,来计算代表红细胞的数量。

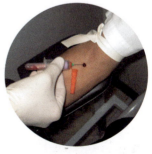

全血细胞计数是医学领域中最为常见的血液检验项目之一,是年度体检当中的常规项目。

# X射线机

X射线机是最早用于临床的医疗仪器之一，也是最常用的医疗仪器。

1895年，德国物理学家伦琴在研究阴极射线管中的气体放电现象时，用一只嵌有两个金属电极的密封玻璃管，在电极两端加上几万伏的高压电，用抽气机从玻璃管内抽出空气。为了遮住高压放电时的光线外泄，他在玻璃管外面套上一层黑色纸板。一次，当他在暗室中进行这项实验时，偶然发现距离玻璃管两米以外的地方，一块用铂氰化钡溶液浸洗过的纸板发出明亮的荧光。他通过进一步试验，用纸板、木板、衣服及厚约两千页的书，都遮挡不住这种荧光。更令人惊奇的是，当他试图用手去拿这块发荧光的纸板时，竟在纸板上看到了手骨的影像。当时伦琴认定这是一种人眼看不见、但能穿透物体的射线，不过因无法解释它的原理，不明确它的性质，于是他故借用了数学中代表未知数的"X"作为代号，称这种神奇的光线为"X"射线。这就是X射线的发现与名称的由来，后来此名一直沿用至今。为了纪念伦琴的这一伟大发现，后人又把它命名为伦琴射线。

X射线的发现在人类历史上具有极其重要的意义，它为自然科学和医学开辟了一条崭新的道路。随着科学的不断发展，经伦琴及各国科学家的反复实践和研究，X射线的真实面目逐渐被揭开。科学家们的研究发现，它是一种波长极短能量很大的电磁波，其波长比可见光的波长更短，但它的光子能量却比可见光的光子能量大几万倍至几十万倍。作为一种不可见

**知识拓展**

当X射线穿过人体时，由于它与物质的相互作用，射线粒子会通过吸收和散射造成衰减。这种衰减因为人体组织的密度不同而呈现出不同程度的效果，最后在感光胶片上就形成了不同深浅的组织密度的像。

伦琴拍摄的一张X射线照片，伦琴夫人的手骨与戒指

● **小贴士** ▶▶▶

　　X射线应用于医学诊断，主要依据X射线的穿透作用、差别吸收、感光作用和荧光作用。当X射线穿过人体时，不同的机体组织，会对其形成不同程度的吸收作用。如骨骼吸收的X射线量，通常就比肌肉吸收的量要多。正因为如此，所以通过人体不同组织后的X射线量往往各不相同，这样便携带了人体各部密度分布的信息，并在荧光屏上或摄影胶片上通过荧光作用或感光作用的强弱显示出不同密度的阴影。由此，即可判断人体部位是否正常。

光，X射线具有光的一切通性，但由于它波长短、能量大，也使得它具有其他电磁波所不具有的一些独特性质，医学上正是应用了它的这些个性来为人类健康服务的。

　　当X射线与物质相互作用时，它会对物质产生以下各种影响。穿透作用是X射线的一大特性，它超强的穿透能力，能穿透一般光线所不能透过的物质；X射线照射在氯化锌、硫化镉、钨酸钙等晶体上时，会经激发产生可见的荧光，这即是它的荧光作用；X射线的感光作用能使其在照射胶片时，令胶片上的溴化银药膜发生感光作用，使胶片感光，以便摄影；X射线的电离作用可使气体分子游离，从而产生电离电流；除了前述作用，当X射线作用到生物体身上时，还会对生命的机体组织产生破坏作用。医学上正是利用X射线的这一性质对肿瘤病人进行治疗，不过它也会对机体的正常组织产生红斑、坏死等生物效应。

　　医学实践中，X射线机是一个非常庞大的家族。临床医学中常用的该类设备种类繁多，而一般最简单的分类方法，是通过设备的X射线管电流的大小进行划分的。另外，随着现代信息技术的发展，数字化技术也被大量应用在了X射线机系统中。

↰　由于X射线穿过人体时，受到不同程度的吸收因而在荧光屏上或摄影胶片上显示出不同密度的阴影。医生根据阴影浓淡的对比，结合临床表现、化验结果和病理诊断，即可判断人体某一部分是否正常。

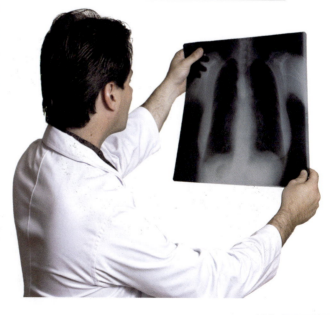

# 呼吸机和麻醉机

**呼**吸机是一种能代替、控制或改变人的正常生理呼吸，增加人体肺通气量，改善人体呼吸功能，减轻呼吸功能消耗，节约心脏储备能力的人工装置。当人发生急性呼吸衰竭，呼吸减弱，因为痰多且稠，排痰困难，从而阻塞气道或发生肺功能失调等状况时，通常会采取气管插管及呼吸机辅助呼吸。

呼吸机的动力装置通常采取压缩气体作动力，或者使用电动机作为动力源。其控制呼吸频率及呼吸比的方式可分为气动气控、电动电控、气动电控等类型。一般情况下，治疗用的呼吸机，常用于病情较复杂、较重的病人，因而这类呼吸机往往功能较齐全，可进行各种呼吸模式，以适应病情变化的需要；而麻醉呼吸机通常和麻醉机协同工作，主要用于麻醉手术中的病人。由于这类病人大多无重大的心肺异常状况，因而此类呼吸机的功能相对比较简单。

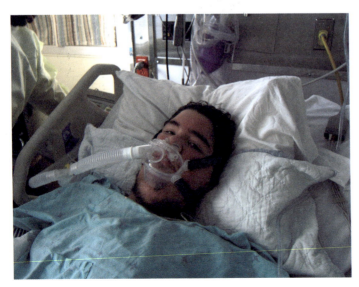

◄ 呼吸机具有以下几大特征：它能提供输送气体的动力，代替人体呼吸肌的工作；能代替人体呼吸中枢神经支配呼吸节律的功能；能提供合适的潮气量或分钟通气量；可代替人体的鼻腔功能，并能提供高于大气中所含的氧气量。

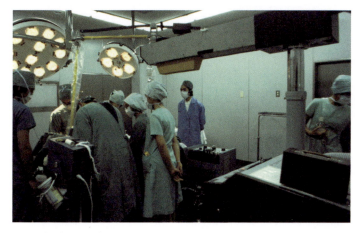

现代麻醉机与电子计算机技术相结合后，对病人吸入的麻醉剂剂量可以做到安全、有效的控制，从而避免更多医疗风险。

麻醉机是麻醉工具中的主要器械，主要用于全身麻醉时对麻醉气体吸入量的控制。麻醉机的基本构造较为简单，除极少数机型外，各种麻醉机类型可说是大同小异。在医学实践中，麻醉机的主要功能是将流量和浓度受到严格控制的氧气、麻醉气体、麻醉剂蒸气，按照严格要求输送到与麻醉机相连的病人呼吸回路中去。基于此，所以麻醉机往往需要和呼吸机相互协助来共同完成对病人的辅助治疗作用。

现代麻醉机几乎都带有某种形式的压力启动和保证供氧故障安全的装置。安全阀是这类装置中的重要组成部分，它一般安装在每一种麻醉气体的调节器和控制阀之间。当麻醉机中的供氧压强低于预定值时，安全阀会恢复到正常关闭状态。这样，当供氧压强由于任何原因而丧失或者显著减少时，此安全阀可阻止其他气体的输送，使麻醉师能明显见到氧压的缺失。

下图为麻醉机。麻醉操作中所用的氧等压缩气体通常都盛放在麻醉机特用的钢瓶中，钢瓶装在直接附着于麻醉机的轭架上。

## ● 小贴士 ▶▶▶

外科手术中，当需要病人处于麻痹状态时，麻醉师通常会用一台自动呼吸机而不是用手挤压储气囊的手控呼吸器，这样不仅能避免手工操作的单调，而且可以腾出手来做必要的工作，由此提高麻醉师的工作效率，这个仪器就是麻醉呼吸机。麻醉呼吸机的基本原理与重病护理用的呼吸机相似，它的主要装置是一类特殊的折叠式皮囊，该皮囊能在麻醉机的"循环呼吸回路"中取代人工呼吸，迫使麻醉混合气体进入病人的呼吸回路和肺部。